“十二五”国家重点图书出版规划项目
新闻出版改革发展项目库入库项目
上海市新闻出版专项资金资助项目

吴启迪 主编

中国工程师史

创新超越：
当代工程师群体的崛起与工程成就

编写委员会

主编

吴启迪

副主编

江　波　伍　江

执行编委

王　昆　刘　润

委员

（以姓氏笔画为序）

丁洁民　丁祖泉　王　从　王　昆　王　滨　王中平

支文军　牛文鑫　方耀楣　石来德　朱绍中　伍　江

仲　政　华春荣　刘　润　刘志飞　刘曙光　江　波

孙立军　李　浈　李安虎　李国强　李淑明　杨小明

励增和　吴广明　吴启迪　余卓平　沈海军　张　楠

张为民　陆金山　陈启军　邵　雍　林章豪　周克荣

赵泽毓　姚建中　贺鹏飞　顾祥林　钱　锋　黄翔峰

康　琦　韩传峰　童小华　慎金花　蔡三发

秘书

赵泽毓

工程师：造福人类，创造未来
（代序）

工程是人类为了改善生存、生活条件，并根据当时对自然规律的认识，而进行的一项物化劳动的过程。它早于科学，并成为科学诞生的一个源头。

工程实践与人类生存息息相关。从狩猎捕鱼、刀耕火种时的木制、石制工具到搭巢挖穴、造屋筑楼而居；从兴建市镇到修路搭桥，乘坐马车、帆船。工程在推动古代社会生产发展的过程中，能工巧匠的睿智和经验发挥了核心作用。工程实践在古代社会主要依靠的是能工巧匠的“手工”方式，而在近现代社会主要依靠的是“大工业”方式和机械化、电气化、智能化的手段。从铁路横贯大陆，大桥飞架山脊、江河，以至巨舰越洋、飞机穿梭；从各种机械、自动化生产线到各种电视电话、计算机互联网的信息化，现代社会的工程师（包括设计工程师、研发工程师、管理工程师、生产工程师等）凭借其卓越的才华和超凡的技术能力，塑造出一项项伟大的工程奇迹。可以说，古往今来人类所拥有的丰富多彩的世界，以及所享受的物质文明和精神文明，都少不了他们的伟大创造。工程师是一个崇高而伟大的群体，他们所从事的职业理应受到人们的赞美和敬佩。

工程师是现代社会新生产力的重要创造者，也是新兴产业的积极开拓者。国家主席习近平在“2014年国际工程科技大会”上指出：“回顾人类文明历史，人类生存与社会生产力发展水平密切相关，而社会生产力发展的一个重要源头就是工程科技。”近代以来，工程科技更直接地把科学发现同产业发展联系在一起，成为经济社会发展的主要驱动力。是蒸汽机引发了第一次产业革命（由手工劳动向机器化大生产转变），电机和化工引发了第二次产业革命（人类进入了电气化、原子能、航空航天时代），信息技术引发了第三次产业革命（从工业化向自动化、智能化转变）。工程科技的每一次重大突破，都会催发社会生产力的深刻变革，从而推动人类文明迈向新的更高的台阶。在创新驱动发展的历史进程中，人是最活跃的因素，现代社会中生产力的发展日新月异，工程师是新生产力的重要创造者。

中国工程师的历史源远流长，古代能工巧匠和现代工程大师的丰功伟业值得敬重和颂扬。中华民族的勤劳智慧，创造出辉煌灿烂的古代文明，建造了像万里长城、都江堰、赵州桥、京杭大运河等伟大工程。幅员辽阔的中华大地涌现出众多的能工巧匠。伴随着近代工程和工业事业的发展，清朝末期设立制造局、船政局，以及开办煤矿、建造铁路、创办工厂、铺设公路、架构桥梁等，成长了一大批现代意义上的中国工程师。这些历史上的工程泰斗、工程大师都应该被历史铭记、颂扬，都应当为后人所崇敬和学习。当然，自新中国成立特别是改革开放三十多年来，中国经济社会快速发展，当代工程巨匠和工程大师功不可没，也都得到了党和国家领导人的充分肯定和高度赞扬。"'两弹一星'、载人航天、探月工程等一大批重大工程科技成就，大幅度提升了中国的综合国力和国际地位。三峡工程、西气东输、西电东送、南水北调、青藏铁路、高速铁路等一大批重大工程的建设成功，大幅度提升了中国的基础工业、制造业、新兴产业等领域的创新能力和水平，加快了中国现代化进程。"他们是国家工业化、现代化建设的功臣，他们的光辉业绩及其工程创新能力、卓越奉献精神，赢得了全国人民的尊重。

中国工程师正肩负着推动中国从制造大国转向制造强国和实现创新驱动发展的历史使命。人类的工程实践，特别是制造工程，是国民经济的主体，是立国之本、兴国之器、国之脊梁。当前，新一轮科技革命和产业革命正在孕育兴起，全球制造业面临重新洗牌，国际竞争格局由此将发生重大调整。德国推出"工业 4.0"，美国实施"工业互联网"战略，法国出台"新工业法国"计划，日本公布《2015 年版制造白皮书》，谋求在技术、产业方面继续保持领先优势，占据高端制造全球价值链的有利地位。可喜的是，中国版的"工业 4.0"规划——《中国制造 2025》已于 2015 年 5 月 8 日公布，开启了未来 30 年中国从制造大国迈向制造强国的征程，同时也为中国工程师提供了大显身手、大展宏图的极好机遇。另一方面，要充分认识到不恰当的工程活动，常常会带来巨大的生态、社会风险。工程师不能只注重技术，而忽视生态环境和文化传统。中国的工程师要有哲学思维、人文知识和企业家精神，才能更好地解决工程科技难题，促进工程与环境、人文、社会、生态之间的和谐，为构建和谐社会和实现人与自然的可持续发展做出应有的贡献。

经济结构调整升级、建设创新型国家，呼唤数以百万、千万计的卓越工程师和各类工程技术人员。没有强大的工程能力，没有优秀的工程人才，就没有国家和民族的强盛。工程科学技术对国家经济社会发展和国家安全有着最直接的重大影响，是将科学知识转化为现实生产力和社会财富的关键性生产要素，工程科技的自主创新是建设创新型国家的核心。改革开放三十多年来，我国从大规模引进国外先进技术和装备逐步走向自主创新，在一些领域已经接近或达到世界先进水平，大大提高了产业竞争力，促进了经济社会的快速发展。但不可否认，我国自主创新特别是原创力还不强，关键领域核心技术受制于人的格局没有从根本上改变。我们要大力实施创新驱动发展战略。在 2030 年前，中国正处于建设制造强国的关键战略时期，需要一大批具有国际视野、创新能力和多学科交叉融合的创新型、复合型、应用型、技能型工程科技人才。面对新形势新任务，能否为建设制造强国培养出各类高素质的工程科技后备人才，能否用全球视野和战略眼光引领并带动新一轮中国制造业在全球竞争中脱颖而出，是中国工程教育不可回避的时代命题。

培养和造就千千万万优秀的年轻工程科技人才，已成为事关国家兴旺发达、刻不容缓的重大战略任务。

吴启迪教授组织编写这部《中国工程师史》正当其时，用短短几十万字尝试记录中国工程与工程师的发展历程及工程教育发展若干重要片段，展示中国工程师的智慧和创造力，体现他们的爱国情怀和自强不息精神，诉说其对中国梦的执著追求，实属难能可贵。《中国工程师史》不仅是一部应时之作，其宗旨是充分发挥在“存史”“导学”“咨政”等方面的价值，以使广大读者“以史为鉴”，全面了解重大工程及工程发展背后工程师的睿智才能和奉献精神，认识到工程师的工程实践是推动人类文明进步的重要力量。希望莘莘学子及相关领域工作者能够以此为“通识教材”，通古知今、把握未来，深刻理解工程技术是创新的源泉，立志为建设创新型国家和中华民族的振兴添砖加瓦。各级政府和教育行政部门也可以此为“咨询材料”，为加强工程教育和工程科技制定出更有针对性、适应性的政策措施。

2016年4月1日

前言

习近平总书记在“2014年国际工程科技大会”上明确指出：“回顾人类文明历史，人类生存与社会生产力发展水平密切相关，而社会生产力发展的一个重要源头就是工程科技。工程造福人类，科技创造未来。工程科技是改变世界的重要力量，它源于生活需要，又归于生活之中。历史证明，工程科技创新驱动着历史车轮飞速旋转，为人类文明进步提供了不竭动力源泉，推动人类从蒙昧走向文明，从游牧文明走向农业文明、工业文明，走向信息化时代。”[1]

温故而知新。古往今来，人类创造了无数的工程奇迹，每一项工程都倾注了许许多多能工巧匠和工程大师的睿智才华和辛劳汗水。不仅国外有古埃及金字塔、古希腊帕提农神庙、古罗马斗兽场、印第安人太阳神庙、柬埔寨吴哥窟、印度泰姬陵等古代建筑奇迹，中国也有冶金、造纸、建筑、舟桥等方面的重大技术创造，并构筑了万里长城、都江堰、京杭大运河等重大工程，这些已载入人类文明发展的史册。然而，这一项项工程的缔造者多数并不为人所知，他们的聪明才智、卓著功勋和艰苦卓绝的奉献精神也常常被人忽视。世界强国的兴衰史和中华民族的奋斗史一再表明，没有强大的工程能力，没有优秀的工程人才，就没有国家和民族的强盛。

1 习近平出席2014年国际工程科技大会并发表主旨演讲[N]. 人民日报，2014-06-04(1).

在中国，现代意义上的工程师，是洋务运动时期开始出现的。我国在清朝末期，设立制造局、船政局，以及织造、火柴、造纸等工厂，并且开办煤矿、建造铁路，近代工程事业和近代工业开始有了雏形，一批批工程师也随之成长起来。如自筑铁路的先驱詹天佑、江南制造局开创者容闳、一代工程巨子凌鸿勋、机械工业奠基人支秉渊、桥梁大师茅以升、化学工程师侯德榜、滇缅公路英雄工程师段纬和陈体诚等。

中国工程师，作为一个为社会发展与人民福祉做出巨大贡献的职业群体，随着近现代产业革命和经济发展的进程而逐步形成、发展并壮大。新中国成立特别是改革开放三十多年来，中国的工程实践和创新再创辉煌。在一些基础工程（如土木、桥梁和道路）方面，中国的工程师已经具备世界一流的设计制造水平，青藏铁路、三峡工程等都是中国工程师自行设计建造的，达到了世界顶级工程水平。我国在航空航天和其他高科技领域更是喜讯频传，载人航天成功，嫦娥奔月顺利，先进战机翱翔蓝天，新型舰艇遨游海洋。高速铁路等一大批重大工程建设成功，大幅提升了中国基础工业、制造业、新兴产业等领域的创新能力和水平，加快了中国现代化进程。同时，载人航天、载人深潜、大型飞机、北斗卫星导航、超级计算机、高铁装备、百万千瓦级发电装备、万米深海石油钻探设备、跨海大桥等一批重大工程和技术装备取得突破，也形成了若干具有国际竞争力的优势产业和骨干企业。持续的技术创新，大大提升了我国制造业的综合竞争力，这一批批重大工程科技成就，也大幅提升了我国的综合国力和国际地位。我国已具备了建设工业强国的基础和条件。

经过几十年的快速发展，无论从经济总量、工业增加值还是主要工业品产量份额来看，中国都名副其实地成为世界经济和制造业大国。但我们应该看到，我国仍处于工业化进程之中，工程能力与先进国家相比还有一定差距；我们清醒地知道，我国仍存在制造业大而不强、自主创新能力弱、关键核心技术与高端装备对外依存度高、以企业为主体的制造业创新体系不完善、资源能源利用效率低、环境污染问题较为突出、产业结构不合理、高端装备制造业和生产性服务业发展滞后等诸多问题，这些都需要提高基础科研和工程能力，加强卓越工程师的培养，大力推进制造强国建设，以及实施创新驱动战略。

没有工程就没有现代文明，不掌握自主知识产权就会丧失发展主动权。李克强总理多次强调，“创新是引领发展的第一动力，必须摆在国家发展全局的核心位置，深入实施创新驱动发展战略。”[1] 工程技术是创新的源泉，是改变生活的最大动力，工

1　李克强对“创新争先行动”作出重要批示：创新是引领发展的第一动力 [N]. 人民日报，2016-06-01 (1).

程科技应成为建设创新型国家的原动力，进一步增强自主创新能力。当前，世界新一轮科技革命和产业变革与我国加快转变经济发展方式形成历史性交汇，国际产业分工格局正在重塑。我们必须紧紧抓住这一重大历史机遇，实施制造强国战略，加强统筹规划和前瞻部署，推动信息技术与制造技术的深度融合，提升工程化产业化水平。在积极培育发展战略性新兴产业的同时，加快传统产业的优化升级，推动实施“互联网+”“中国制造2025”等战略，为供给侧结构性改革注入新动力，加快实现新旧动能转换。

制约中国成为世界制造业强国的因素有很多，其中最关键的一个是我国工程科技人才队伍的整体质量和水平与发达国家相比尚有明显差距。建设一支具有国际水平和影响力的工程师队伍，是提升我国综合国力、保障国家安全、建设世界强国的必由之路，是实现中华民族伟大复兴的坚实基础。培养数以千万计的各类工程科技专业优秀后备人才，全面提高和根本改善我国工程科技人才队伍整体素质的重任，历史性地落在中国工程教育身上。

然而，“工程师”职业对广大青少年的吸引力下降的现实令人忧虑。谈到工程师，许多人首先想到的是科学家或企业家。社会在对待企业家、科学家和工程师的问题上出现了明显的“不平衡”。在政策导向和社会舆论多方面，工程师的重大社会作用被严重忽视了，工程师的社会声望被严重低估。究其原因，除了受“学而优则仕”“重道轻器”“重文轻技”的传统思想和文化积淀的影响外，也与教育和宣传的缺失不无关系。作为生产实践的工程活动及从事工程实践活动的工程师，难免会因此受到某些轻视甚至贬低。

近年来，我国工程教育有了快速发展，在规模上跃居世界第一，成为名副其实的世界工程教育大国。卓越工程师的培养计划和创新人才培养等，也在逐步推动中国工程及中国工程师地位的提升。目前，我国培养的工程师总量是最多的，为之提供的岗位也是最多的，但是社会各界对工程师的重要作用并没有充分的认识。当孩子们被问到长大后想做什么时，很少有人会说想当工程师，甚至学校中出现“逃离工科”的现象。这不能不引起政府、学校和社会各界的担忧和深思。

我们组织编写《中国工程师史》的初衷，就是为了让大众对中国重大工程、工程发展以及工程师的历史地位和作用有更深的认识，对那些逝去的做出卓越贡献的工程师祭慰和敬仰，为那些仍在岗位上默默为国家奉献的工程师讴歌和颂扬。同时，呼吁政府高度重视并充分发挥工程师的作用，努力提高工程师的能力和水平，采取有力措施提高工程师的社会声望和待遇；

进一步加大社会宣传力度，使工程师的价值得到社会和市场越来越多的认同，让工程师这一职业受到人们尊重，并为那些正在选择人生方向的、优秀的年轻群体所向往。也希冀给有志于从事工程事业的青年学子以鼓励和鞭策，因为他们是中国工程事业的未来，是实现中国一代代工程师强国梦的希望。

本书的编写过程是艰难的。我们试图按时序以人物为主线，对我国各个时期的重大工程实践和工程科技创新背后的工程师进行系统梳理，凸显他们的卓越贡献、领导才能和奉献精神。但是，由于时间久远，有些资料的搜集十分困难；有些巨大工程实践和重大工程科技创新是集体智慧和劳动的结晶，梳理和介绍工程师也不容易，所以内容难免不够全面、准确，还请读者不吝指正。但我们相信，本书的出版一定会给读者带来启迪和思考。我们以此抛砖引玉，期待未来有更多相关领域的研究者加入编写队伍，书写更完整的“中国工程师史”。

衷心感谢徐匡迪院士为本书写序，并在编写过程中给予诸多指导和帮助。感谢顾问委员会的各位院士、专家的全力支持，在百忙之中投入大量时间、精力，为本书提出许多宝贵意见。从设想的提出到书稿的成型，同济大学团队付出了极大的心血和努力。在此，特别感谢同济大学常务副校长伍江、副校长江波所做的大量组织统筹工作，感谢相关学院领导的倾力支持，感谢各院系学科带头人及学科组全力协作，做了许多细致的资料收集、整理工作，为全书的编写奠定了重要基础。感谢王昆老师的辛苦组织与统筹，感谢王滨、周克荣、陆金山承担文稿统稿和撰写工作。

感谢同济大学出版社的通力合作，特别是社领导的高度重视和大力支持，组织专业出版团队为本书付出大量心血，感谢责任编辑赵泽毓的不辞辛劳、兢兢业业。同时，也要感谢负责本书装帧设计的袁银昌工作室，投入大量时间，几易其稿，精心设计，才有了本书现在的样貌。最后，感谢所有关心、支持、参与本书编写的各方人士、机构，是大家的同心协力、无私奉献，让本书最终得以呈现。

本书被列入“十二五”国家重点图书出版规划项目，并获得国家出版基金和上海市新闻出版专项基金的资助，在此对有关方面的大力支持一并表示感谢。

本书编委会
2017 年 3 月

目录

中国工程师史 第三卷

第一章

与时俱进——新时期的传统工程及工程师

一、改革开放之后的中国工程建设

1978 年 3 月 18 日，我国科技和工程界的一次空前盛会——全国科学大会召开。不久之后，中国进入了改革开放的历史新时期，中国的工程师迎来了科学的春天。

改革开放后的三十多年，中国的工程技术突飞猛进。这是一组让所有中国人自豪的成绩单：建成了正负电子对撞机等重大科学工程；秦山核电站并网发电成功；银河系列巨型计算机相继研制成功；长征系列火箭在技术性能和可靠性方面达到国际先进水平；“嫦娥一号”月球探测飞船奔月成功，圆了中华民族的千古奔月梦；青藏铁路全线通车，成功解决冻土施工等一系列世界性难题；三峡工程完工，三峡电厂正式运行发电，三峡电站已投产机组的总装机容量达到 1 410 万千瓦，装机规模跃居世界第一；我国首架具有自主知识产权的涡扇喷气支线客机“翔凤”下线，这意味着中国自主研制民用客机迈出实质性一步；我国自主研制的首列时速 300 千米动车组列车下线，国产“和谐号”动车组疾驶如飞，中国由此成为世界上少数几个能自主研制时速 300 千米动车组的国家……这些成绩让亿万中国人感受到建立在科技自立、自强基础上的国家实力和民族尊严。

2013年9月22日，河北省秦皇岛市，一列货车行驶在大秦铁路上

二、新时期的铁路工程师

1. 当代中国的铁路建设

（1）大秦铁路

大秦铁路自山西省大同市至河北省秦皇岛市，纵贯山西、河北、北京、天津，全长653千米。它是中国第一条双线电气化重载运煤专线，具有重（开行重载单元列车）、大（大通道、大运量）、高（高质量、高效率）等特点。1992年底全线通车，2002年运量达到一亿吨设计能力。为最大限度发挥其作用，有效缓解煤炭运输紧张的状况，自2004年起，铁道部对大秦铁路实施持续扩能技术改造，大量开行一万吨和两万吨重载组合列车。全线运量逐年大幅提高，

2014 年 3 月 14 日，一列客车行驶在京九铁路九江区段

2008 年突破 3.4 亿吨，成为世界上年运量最大的铁路线之一。大秦铁路作为我国第一条现代化重载铁路，在设计建造方面，广泛引进、吸收国外先进技术，曾获国家优秀设计金质奖、优质工程金质奖，为我国重大装备的国产化和铁路建设提供了新经验。

（2）京九铁路

京九铁路（北京—九龙）是我国重要的南北铁路干线，北起首都北京西客站，南至香港特别行政区九龙站，途经京、津、冀、鲁、豫、皖、鄂、赣、粤和香港特别行政区，全长 2 536 千米。该线北部线路经过地区地势平缓，南部则隧道密集。其中，五指山隧道全长 4 465 米，为全线最长，也是我国截至 2006 年底开凿的含放射性物质最多的隧道。京九铁路工程规模仅次于长江三峡，是我国投资最多、一次性建成双线线路最长的一项宏伟铁路工程。

（3）粤海铁路

粤海铁路自广东省湛江至三亚，经琼州海峡跨海轮渡到海南省海口市，沿叉河西环铁路途经澄迈县、儋州市至叉河车站，全长 345 千米，与既有线叉河至三亚铁路接轨，是中国第一条跨海铁路，于 2003 年 1 月 7 日正式开通。粤海铁路是世纪之交中国铁路建设史上的一项标志性工程，表明中国在建设跨海铁路上取得了关键技术的突破，填补了多项国内空白，标志着中国铁路建设进入了新的历史阶段。

粤海铁路施工场景

粤海铁路的建成，使广东与周边省份的铁路交通实现了全方位连接。海南这个因地域限制交通不便的省份随着粤海铁路的建成而加速发展，成为该项国家重点工程的最大受益者。与此同时，粤海铁路的建成还为我国后续的跨海铁路建设（如烟大铁路等）提供了丰富的设计、施工和运营管理经验。

2. 向高速进击的铁路建设

（1）铁路大提速

目前，“提速”二字已成为我国使用频率很高的词。其实该词出自 20 世纪 90 年代开始的铁路“大提速”。

铁路提速为市场所迫。20 世纪 90 年代初，我国铁路客车旅行平均时速仅 48 千米，货物列车速度就更低，难以适应经济发展的需要。我国既有铁路提速起步于广深线。全长 147 千米的广深线，原来客车最高时速为 100 千米，铁道部决定将其改造为准高速铁路，提速目标为 160~200 千米 / 时。对此，工程技术人员专门开发了无缝线路的成套技术，研制了可动心道岔，推出了大功率机车、新型客车，并对路基、线路、桥梁进行了改造。提速改造历时四年，1994 年 12 月 22 日正式开通，运行时间从原来的 2 小时 48 分缩短为 1 小时 12 分。该工程所研发的整套新技术和制定的新标准，为此后我国铁路大提速打下了基础。

接着，铁道部决定在既有繁忙干线实施全面提速，并开展了系列试验，对列车启动、制动、道岔、桥梁载荷能力、信号闭塞、接触网进行系统研究。1998 年在京广铁路的试验中，列车时速达到了 240 千米。此后，在试验的基础上对京沪、京广、京哈三大干线进行全面整治。1997 年 4 月 1 日，全国铁路展开了第一次大提速，运营时速为 140~160 千米。1998 年至 2007 年间又连续进行了第二、三、四、五、六次大提速，提速铁路区段一步步从东部扩大到全国，列车速度也一再提高，有的时速达到 200 千米，甚至 250 千米。

六次大提速收到明显成效。客车平均速度大幅度提高，受到广泛欢迎，尤其是基于提速开行的“夕发朝至”列车被赞誉为“移动宾馆”。

铁路提速开了中国铁路发展之先河，既赢得了市场，又为日后高速铁路建设打下基础。“提速”是“高速”的必然准备，“高速”是“提速”的升级。从某种意义上说，没有先行的提速，难有后来

“中华之星”电动车组在秦沈客运专线上运行

的高速。

（2）我国的高铁建设

中国高速铁路建设，始于秦沈客运专线。它连接秦皇岛和沈阳两座城市，全长 404.6 千米。1999 年 8 月 16 日开始建设，2002 年 6 月 16 日全线铺通，2003 年 1 月 1 日开始试运行。秦沈客运专线是我国第一条高速铁路，自主开发的成套新技术创造了中国铁路的许多“第一”和“率先”。不仅如此，秦沈客运专线也发挥了为中国后来大规模的高铁建设先行探路的作用，并为其储备技术和人才，是中国高铁建设迈出的第一步。

在秦沈客运专线试运行 5 年多之后，2008 年 8 月 1 日，即北京奥运开幕前一星期，京津城际铁路通车了。京津城际铁路长度为 120 千米，是中国时速 350 千米客运专线的示范工程，也是京沪高速铁路的独立综合试验段，意义重大。京津城际高铁是世界最快铁路之一，不仅使北京和天津这两个人口超过千万的大城市间形成“半小时交通圈”，实现了同城化，同时也打开了中国铁路迈向“高速时代”的大门。

京沪高速铁路于 2008 年 4 月 18 日开工，从北京南站出发终止于上海虹桥站，总长度 1 318 千米，总投资约 2 209 亿元。全线纵贯北京、天津、上海三大直辖市和河北、山东、安徽、江苏四省。

京沪高铁铺轨、运轨作业

当时是新中国成立以后一次建设里程最长、投资最大、标准最高的高速铁路。这一高铁线与既有京沪铁路的走向大体并行，全线为新建双线，设计时速350千米，初期运营时速300千米，共设置23个客运车站。2011年6月30日正式开通运营。它的建成使北京和上海之间的往来时间缩短到5小时以内。京沪高速铁路建成通车后，对加快“环渤海”和“长三角”两大经济圈及沿线人流、物流、信息流、资金流沟通交流，促进经济社会又好又快发展，产生重大积极影响。

2010年7月1日，从南京发往上海虹桥的“G7001”城际高速列车从南京火车站驶出，标志着中国第二条城际铁路——沪宁城际铁路正式运营通车，这条全长301千米，最高时速可达350千米的铁路，仅用两年时间就建成运营。沪宁城际高速铁路是中国铁路建设时间最短、标准最高、运营速度最快、配套设施最全、一次建成里程最长的城际铁路。

以“G”字打头的沪宁城际列车开通后，沪宁间最快73分钟互达，比原来“D”字头动车提速了一小时。同时沪宁铁路全线21个站点，每15千米就有一站，使得沪宁这一经济发达地区自此正式迈向城际“公交化”时代。

武广客运专线为京广客运专线的南段（武汉—广州段），位于湖北、湖南和广东境内，于2005年6月23日开始动工。全长约1 068.8千米，投资总额1 166亿元，于2009年12月正式运营。列车试验最高速度为394千米/时、最高运营速度达到300千米/时。武广高铁的开通，使得武汉至广州间旅行时间由原来的约11小时缩短到3小时左右，长沙到广州直达仅需2小时。

武广客运专线途经汀泗河特大桥

2014年，我国铁路新线投产规模创历史最高纪录，铁路营业里程突破11.2万千米。高速铁路营业里程超过1.6万千米，稳居世界第一。

3. 青藏铁路的建设

（1）“天路”的建设

早在一百多年前，中国近代启蒙思想家魏源曾断言：“卫藏安，则西北全境安。”其意为西藏安危关系西北全境安危，西北安危关系国家安全。孙中山在其《实业计划》中曾专门提出要建设高原铁路系统，并规划了以昆明、成都、兰州连接拉萨的铁路网。

1956年，铁道部组织了进藏铁路的勘测设计工作。1958年青藏铁路一期工程西宁至格尔木段开工，全长814千米。其间，由于“三年自然灾害”影响，1961年该项目被迫下马，1974年复工。这段铁路终于在开工21年后的1979年铺通，1984年投入运营。本应继续建设的青藏铁路格尔木至拉萨段，考虑到其海拔更高，冻土分布更广，相关技术难题尚未解决，1977年11月，铁道兵党委

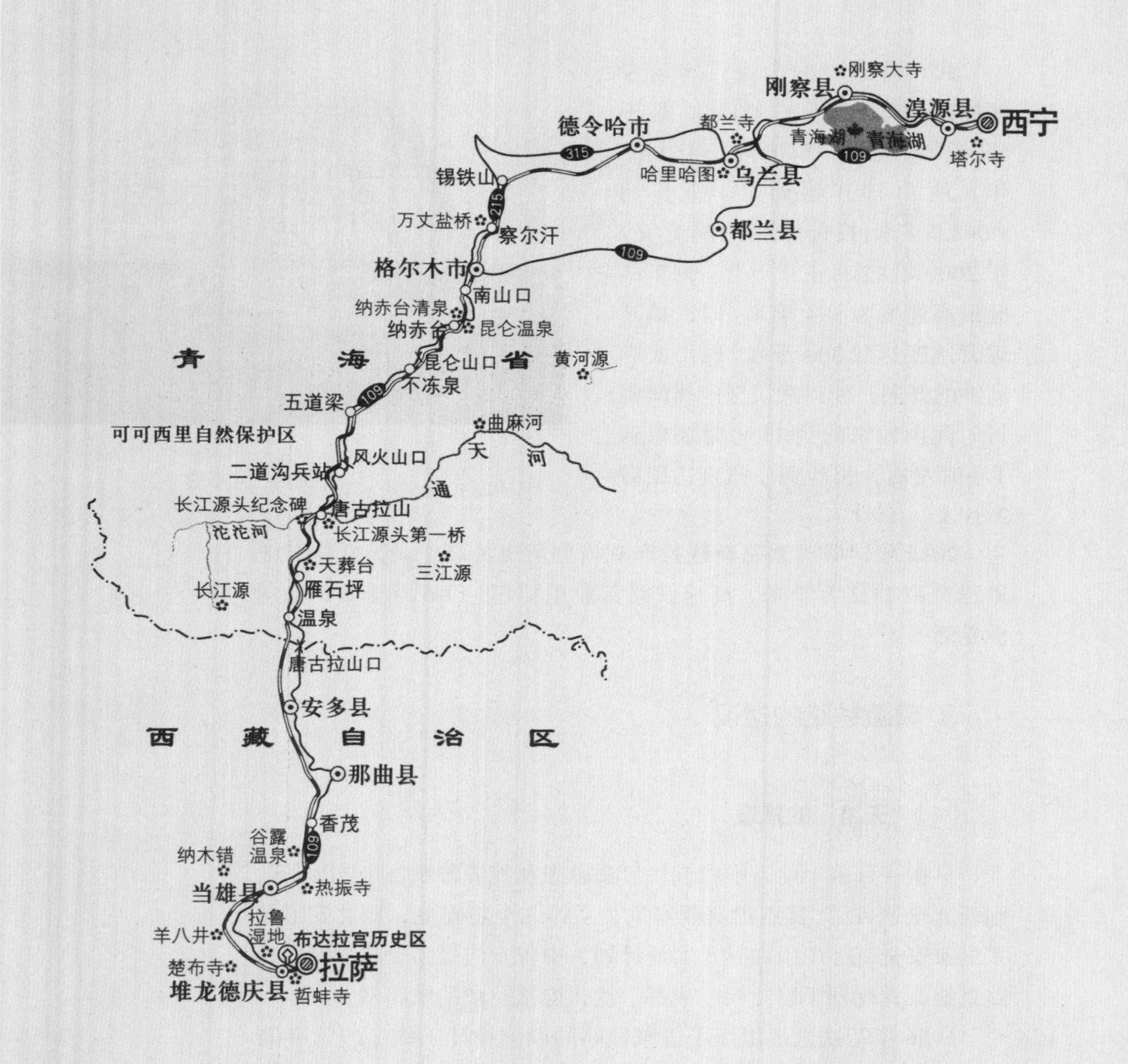

青藏铁路沿线景观示意图

和铁道部党组联名向国务院、中央军委上报了关于缓建青藏铁路格尔木至拉萨段的请示报告。

1999年9月召开的十五届四中全会上，中央决定实施西部大开发战略，铁道部据此着手编制铁路“十五”发展计划。2000年10月，中央召开十五届五中全会，会议讨论研究了关于国家“十五计划纲要建议”。会后，在中央主要领导同志的关心下，铁道部向中央上报了《关于修建进藏铁路有关情况的汇报》。其主要内容是，修建进藏铁路是必要的，条件已经成熟。报告列举了青藏、滇藏、甘藏及川藏四个建设方案。

最后，报告写道：“综合比较，青藏铁路虽然自然条件差些，但考虑到，一是新建长度短、工程量小、工期短、投资省；二是地形平坦，意外受损容易恢复，易于保障畅通；三是前期工作基础较好，经过多年研究，在冻土地带建设铁路已经有了可行的技术措施。由此可以推荐青藏铁路作为首选方案。”很快，中央领导批示尽快完成可行性研究，提出具体建设方案。

2001年2月7日，国务院召开总理办公会，审批青藏铁路项目建议。会议认为，经过二十多年的改革开放，我国综合国力显著增强，已具有修建青藏铁路的经济实力。通过多年不间断的科学研究和工程试验，我国的工程技术人员对高原冻土地区筑路和养护等技术问题也有了比较可行的解决方案。修建青藏铁路时机已经成熟，条件基本具备，可以批准立项。同时要求铁道部进一步完善建设方案，抓紧做好可行性研究，力争早日开工。随后成立青藏铁路建设领导小组。

经过充分准备，2001年2月，国务院批准青藏铁路（格拉段）立项。6月29日，青藏铁路（格拉段）正式开工。青藏铁路被誉为“天路”，它东起青海西宁市，南至西藏拉萨市，全长1 956千米。青藏铁路格拉段东起青海格尔木，西至西藏拉萨，全长1 142千米，其中新建线路1 110千米，于2001年6月29日正式开工。途经纳赤台、五道梁、沱沱河、雁石坪，翻越唐古拉山，再经西藏自治区安多、那曲、当雄、羊八井到拉萨。其中海拔4 000米以上的路段

列车行驶在青藏铁路上

960 千米，多年冻土地段 550 千米，翻越唐古拉山的铁路最高点海拔 5 072 米，是世界上海拔最高、冻土路程最长，克服了世界级困难的高原铁路。

2006 年 7 月 1 日，青藏铁路正式通车运营。

（2）中国筑路工程师的创新与吃苦奉献精神

青藏铁路格尔木至拉萨段，连续穿越冻土地带 550 千米。穿越了世界上最复杂的高原冻土区。高原冻土被看成是高原铁路的“杀手”，冻土路段冬天冻胀，夏天融沉，在这两种现象的反复作用下，道路或房屋的基底就会出现破裂或者塌陷，很容易使线路失去平顺，影响列车的正常行驶。而青藏高原是世界上低纬度、海拔最高、日照强烈、地质构造运动频繁、面积最大的多年冻土分布区，能否征服高原冻土，是建设世界一流高原铁路的关键。

在青藏铁路施工中，中国的铁路技术科研人员自主创新了多项先进技术，比如，采用热棒、片石通风路基、片石通风护道、通风管路基、铺设保温板等多项设施，提高冻土路基的稳定性。在修建世界海拔最高、冻土区最长的高原永久性冻土隧道时，相继攻克浅埋冻土隧道进洞、冰岩光爆、冻土防水隔热等 20 多项高原冻土施工难题，许多冻土工程措施都是国内外首创。

青藏铁路全线贯通，对改变青藏高原贫困落后面貌，增进各民族团结进步和共同繁荣，促进青海与西藏经济社会快速发展产生广泛而深远的影响，有利于进一步巩固平等团结互助的新型民族关系，有利于中国边疆的稳定和国防的加强，有利于少数民族人民当家做主地位的体现和国家政权的巩固。

（3）建设青藏铁路的著名工程师——庄心丹

庄心丹（1915—2004），上海奉贤庄行镇人。1937 年毕业于浙江之江大学土木工程系，是青藏铁路第一任总体设计师、原铁一院线路处高级工程师。庄心丹先后参与滇缅铁路以及云南、四川、上海龙华等机场建设，新中国成立后更在宝成线、包兰线、兰新线等西北重要铁路建设中担当技术工作。这 20 年的经历，为他出任青藏铁路第一任总体设计师积累了重要经验。

庄心丹被后人称为“青藏铁路奠基人”。人们对庄心丹的评价是：“庄先生第一次上青藏时的条件很艰苦，没有仪器，所谓的踏勘全靠双耳听，双眼看，双脚走。”“他们当时确定的线路方向，基本上就是今天格尔木到拉萨段的走向；他提出的保护冻土原则，也成为青藏铁路设计原则。青藏铁路 20 世纪 70 年代、90 年代的后两次大规模勘测因此少走了许多弯路。”庄心丹的初测报告，有 300 页，数十万字，全是他亲笔写出来的。报告非常完整，几乎所有的东西都有据可查，记录细致。如全线需架设的 15 米以上桥梁全都归纳在一个统计表里，每座桥在什么里程，用什么结构，设几个孔洞都一一标注。

4. 城市轨道交通的建设

新中国城市轨道交通自 1965 年北京地铁一期工程建设开始，经过 40 余年的建设和发展，取得了显著成就，特别是经历了近十几年的高速发展之后，中国拥有城市轨道交通的城市已经上升至

2014年的22座，据初步统计，截至2014年年底，中国城市轨道交通的总里程已经超过3 000千米（包含地铁、有轨电车等），地铁线路总计88条。北京和上海的轨道交通里程均超过了600千米。其中，仅2014年，中国就有13个城市开通了城市轨道交通新线（长沙、宁波、无锡为首次开通城市轨道交通线路城市）。

（1）中国第一条地铁的建设

新中国第一条地铁，也是北京的第一条地铁，可以追溯到1953年9月，当时一份名为《改建与扩建北京市规划草案要点》的报告，摆在中央决策层的面前。它不但对北京城市的规模、政治经济定位和今后的发展走向作了规划，而且明确提出“为了提供城市居民以最便利、最经济的交通工具，特别是为了适应国防的需要，必须及早筹划地下铁道的建设”。

由于缺乏相关人才，北京市委在1954年10月报送中央的报告中请求“聘请苏联专家，着手勘探研究”。两年后，在国务院的安排下，由五人组成的苏联专家组来到北京。

1961年，经过“三年自然灾害”，中国经济受到重创。中央决定北京地下铁道建设暂时下马。1965年，中央又一次把目光投向了一直作为战备工程筹划的北京地铁。1965年地铁建设领导小组联名将《关于北京修建地下铁道问题的报告》上报中央。2月4日，毛泽东主席对此直接作了批示，要求“精心设计、精心施工。在建设过程中，一定会有不少错误失败，随时注意改正。是为至盼。”时隔四十余年，对于毛主席的批示，今天还健在的地铁人仍能流利地背出。

1965年7月1日，北京地铁一期工程开工典礼在京西玉泉路西侧两棵大白果树下举行。市长彭真主持，党和国家领导人朱德、邓小平、罗瑞卿等出席了开工典礼。

1969年10月1日，第一辆地铁机车从古城站呼啸驶出。经过四年零三个月的紧张施工，北京地铁一期工程建成通车了。虽然比原计划晚了一年多，但总算赶在新中国成立二十周年的时候完成了。

1971年，地铁开始售票，票价只要一角钱。不少外地来京出

行驶中的上海磁悬浮列车

差的人也专程赶来乘坐地铁，地铁俨然成了首都的一个观光项目。1981 年北京地铁通过专家鉴定，地铁一期工程终于经国家批准正式验收，投入运营。此时，距第一次提出修建北京地铁，已经过去近三十年。

（2）高速磁悬浮交通系统的建设

1999 年，国家在进行京沪高速铁路预可行性论证的过程中，部分专家提出，鉴于高速磁悬浮交通系统具有无接触运行、速度高、启动快、能耗低、环境影响小等诸多优点，建议国家在京沪干线上采用高速磁悬浮技术。

经过激烈的争论，专家们最终形成共识，建议先建设一段商业化运行示范线，以验证高速磁悬浮交通系统的成熟性、可用性、经济性和安全性。此建议得到了国务院领导的关注与支持，随即在对北京、上海、深圳三个地区进行比选后，确定在上海建设。

2000 年 6 月，上海市与德国磁悬浮国际公司合作进行中国高速磁悬浮列车示范运营线可行性研究。同年 12 月，中国决定建设上海浦东龙阳路地铁站至浦东国际机场高速磁悬浮交通示范运营线。2001 年 3 月正式开工建设。

2002 年 12 月 31 日，经过中德两国专家两年多的设计、建设、调试，上海磁悬浮运营线终于呈现在世界的面前。

上海磁悬浮列车是世界上第一段投入商业运行的高速磁悬浮列车，设计最高运行速度为每小时 430 千米，仅次于飞机的飞行时速。建成后，从浦东龙阳路站到浦东国际机场，三十多千米只需 6~7 分钟。

三、新时期的水利工程师

1. 南水北调工程

中国的地理环境决定了我国的水资源承载能力有限，且水资源配置不合理。1959 年 2 月，中科院、水电部召开“西部地区南水北调考察研究”工作会议，确定南水北调工程“蓄调兼施，综合利用，统筹兼顾，南北两利，以有济无，以多补少，使水尽其用，地尽其利”的指导方针。

1978 年，五届全国人大一次会议通过的《政府工作报告》正式提出：“兴建把长江水引到黄河以北的南水北调工程。”一年后，水利部正式成立南水北调规划办公室，统筹领导协调全国的南水北调工作。1987 年 7 月，国家计委正式下达通知，决定将南水北调西线工程列入“七五”超前期工作项目。1991 年 4 月，七届全国人大四次会议将“南水北调”列入“八五”计划和十年规划。1992 年 10 月，在党的十四大报告中将“南水北调”列入中国跨世纪的骨干工程之一。1995 年 12 月，南水北调工程开始进入全面论证阶段。

2000 年 6 月 5 日，南水北调工程规划开始实质性展开，2002 年 12 月 23 日，国务院正式批复《南水北调总体规划》。工程计划分东线、中线、西线三条线进行调水。即南水北调工程总体格局定为西、中、东三条线路，分别从长江流域上、中、下游调水。通过三条调水线路与长江、黄河、淮河和海河四大江河的联系，构成以“四横三纵”为主体的总体布局，以利于实现中国水资源南北调配、东西互济的合理配置格局。南水北调工程规划最终调水规模 448 亿立方米，其中东线 148 亿立方米，中线 130 亿立方米，西线 170 亿立方米，整个工程将根据实际情况分期实施，建设时间约需 40 ~ 50 年。南水北调工程成为新中国成立以来投资额最大、涉及面最广的战略性工程，具有积极的社会意义、经济意义和生态意义。

2002 年 12 月 27 日，南水北调工程正式开工。东线工程开工最早，并且有现成输水道。江苏段三潼宝工程和山东段济平干渠工程成为南水北调东线首批开工工程。南水北调东线工程是在现有的江苏省江水北调工程、京杭运河航道工程和治淮工程的基础上，结合治淮计划兴建一些相关的水利工程。东线主体工程由输水工程、蓄水工程、供电工程三部分组成。东线工程利用江苏省已有的江水北调工程，逐步扩大调水规模并延长输水线路，即从长江下游扬州抽引长江水，利用京杭大运河及与其平行的河道逐级提水北送，并连接起调蓄作用的洪泽湖、骆马湖、南四湖、东平湖。出东平湖后分两路输水。其中一路向北，在位山附近经隧洞穿过黄河；另一路向东，通过胶东地区输水干线经济南输水到烟台、威海。

工程进行了 11 年后，2013 年 5 月 31 日，南水北调东线一期工程江苏段试通水圆满成功。2013 年 8 月 15 日，南水北调东线一期工程通过全线通水验收，工程具备通水条件。2013 年 11 月 15 日，东线一期工程正式通水运行。

2003 年 12 月 30 日南水北调中线一期工程正式开工。2005 年 9 月 26 日，南水北调中线标志性工程——中线水源地丹江口水库大坝加高工程正式动工，标志着南水北调中线工程进入全面实施阶段。根据规划，2008 年黄河之水可调入北京，2010 年南水北调中线工程全线建成后长江之水也可调入北京。其供水范围将达到 5 876 平方千米，覆盖北京平原地区的 90%。2008 年 9 月 28 日，南水北调中线京石段应急供水工程建成通水。2008 年 11 月 25 日，湖北省在武汉召开丹江口库区移民试点工作动员会议，标志着南水北调中线丹江口库区移民试点工作全面启动。2009 年 2 月 26 日，南水北调中线兴隆水利枢纽工程开工建设，标志着南水北调东、中线七省市全部开工。

2010 年 3 月 26 日中国现代最大人工运河——南水北调中线引

江济汉工程正式破土动工。2010 年 3 月 31 日，丹江口大坝 54 个坝段全部加高到顶，标志着中线源头——丹江口大坝加高工程取得重大阶段性胜利。2012 年 9 月，南水北调中线丹江口库区移民搬迁全面完成。2013 年 8 月 28 日，通过蓄水前最终验收。2013 年 8 月 29 日，丹江口大坝加高工程通过蓄水验收，正式具备蓄水条件。2013 年 12 月 25 日，中线干线主体工程基本完工，为全线通水奠定了基础。

2014 年 12 月 12 日下午，长 1 432 千米、历时 11 年建设的南水北调中线正式通水，长江水正式进京。水源地丹江口水库，水质常年保持在国家Ⅱ类水质以上，“双封闭”渠道设计确保沿途水质安全。通水后，每年可向北方输送 95 亿立方米的水量，相当于 1/6 条黄河，基本缓解北方严重缺水局面。

南水北调的西线工程是在长江上游通天河、支流雅砻江和大渡河上游筑坝建库，开凿穿过长江与黄河的分水岭巴颜喀拉山的输水隧洞，调长江水入黄河上游。西线工程的供水目标主要是解决涉及青、甘、宁、内蒙古、陕、晋等 6 省（自治区）黄河上中游地区和渭河关中平原的缺水问题。结合兴建黄河干流上的骨干水利枢纽工程，还可以向邻近黄河流域的甘肃河西走廊地区供水，必要时也可及时向黄河下游补水。截至目前，还没有开工建设。

将通天河（长江上游）、雅砻江（长江支流）、大渡河水用隧道方式调入黄河（西北地区），即从长江上游将水调入黄河。该线工程地处青藏高原，海拔高，地质构造复杂，地震烈度大，且要修建 200 米左右的高坝和长达 100 千米以上的隧洞，工程技术复杂，耗资巨大，现仍处于可行性研究过程中。

2. 长江三峡水利枢纽工程

三峡水利枢纽工程是世界工程史上的奇迹，它为世界工程史增添了浓墨重彩的一笔。三峡工程从最初的设想、勘察、规划、论证到正式开工，经历了 75 年。在这漫长的梦想、企盼、争论、等待相互交织的岁月里，三峡工程载浮载沉，几起几落。在中国综合国力不断增强的20世纪90年代，经过全国人民代表大会的庄严表决，三峡工程建设正式付诸实施。

早在1918年，孙中山在其《建国方略》中就提出在长江建设水利设施的构想。1924年8月17日，孙中山在广州国立高等师范学校发表了题为《民生主义》的演讲，他在演讲中再次提及："扬子江上游夔峡的水力，更是很大。有人考察由宜昌到万县一带的水力，可以发生三千余万匹马力的电力，比现在各所发生的电力都要大得多，不但是可以供给全国火车、电车和各种工厂之用，并且可以用来制造大宗的肥料。"这是目前所见关于开发三峡水力资源的最早计划，充分显示出孙中山在国家经济建设上的高瞻远瞩。

新中国成立后，在党中央国务院的大力支持和关怀下，三峡工程开始了更大规模的勘测、规划、设计与科研工作。1956年2月，三峡工程规划设计和长江流域规划工作正在全面开展。1970年12月，中共中央在"文革"的特殊环境下，根据武汉军区和湖北省的报告批准兴建葛洲坝工程。

1992年4月3日，全国人民代表大会七届五次会议，根据对议案审查和出席会议代表投票的结果，通过了《关于兴建长江三峡工程的决议》，要求国务院适时组织实施。[1]

1993年5月25日，长江水利委员会提出的三峡工程初步设计获得通过，并着手进行技术设计。1994年1月15日，三峡一期工程的主体工程三大建筑物，即永久船闸、临时船闸和升船机、左岸大坝和电站的一期开挖工程正式开标。随后，施工单位开始左岸一期工程紧张施工，与此同时，坝区内的征地移民、场地整平、施工用水用电设施、对外专用公路以及西陵长江大桥和坝区内道路施工等各项准备工作全面展开。经过近两年的努力，至1994年底，三峡坝区各项基础设施已初具规模，左右两岸的土石方开挖工程已全面展开。三峡一期工程土石围堰完成，一期导流工程具备了浇筑混

1 王儒述. 三峡工程论证回顾 [J]. 三峡大学学报（自然科学版），2009，31(6):1-5.

俯瞰三峡大坝

凝土的条件。三峡工程前期准备工作取得了圆满成果，为三峡工程正式开工打下了坚实的基础。

1994 年 12 月 14 日，三峡工程正式开工。1995 年到 1997 年为一期建设阶段。1997 年 9 月底，大江截流前的枢纽工程、库区移民工程全面验收完毕。1997 年 11 月 8 日，实施大江截流合龙。标志着三峡工程第一阶段的预期建设目标圆满实现，一期工程建设用时 5 年。

从 1998 年至 2002 年 6 月，工程进入为期四年半的二期建设阶段，三峡工程主体工程施工经历了由土石方开挖到混凝土浇筑，由混凝土浇筑到机电设备安装的两个阶段。

从 2000 年开始，金属结构和机电设备安装工程开工。2001 年 11 月 18 日，三峡二期工程围堰完成历史使命开始被拆除。11 月 22 日，70 万千瓦水轮发电机组本体开始安装。2002 年 1 月，三峡二期工程的枢纽工程、输变电工程、移民工程验收大纲通过审查。3 月 22 日，蓄水前库底清理工作全面启动 5 月 1 日，三峡大坝开始永久挡水。随后，三峡工程三期的右岸大坝和电站开始施工，并继续完成全部机组安装。

2006 年 5 月，三峡大坝全线建成。9 月，三峡工程实行第二次蓄水，成功蓄至 156 米水位，标志着工程进入初期运行期，开始发挥防洪、发电、通航三大功效。2008 年 9 月，三峡工程开始首次试验性蓄水。11 月，水库水位达到 172 米。10 月，三峡大坝左右岸 26 台 70 万千瓦巨型水电机组全部投产。2009 年 8 月，长江三峡三期枢纽工程最后一次验收——正常蓄水 175 米水位顺利通过，标志着三峡枢纽工程建设任务已按批准的初步设计基本完成，开始全面发挥其巨大的综合效益。2010 年 7 月，三峡电站 26 台机组顺利完成 1 830 万千瓦满负荷连续运行 168 小时试验。9 月，三峡工程第三次启动 175 米试验性蓄水。10 月，三峡水库首次达到 175 米正常蓄水位。

三峡工程是中国，也是世界上最大的水利枢纽工程，是治理和开发长江的关键性骨干工程。它具有防洪、发电、航运等综合效益。

三峡大坝全长2 308米，混凝土总方量为1 610万立方米，是世界上规模最大的大坝,设计坝顶海拔高程185米。在防洪、发电、航运、养殖、旅游、保护生态、净化环境、开发性移民、南水北调、供水灌溉等方面均有巨大效益，实现了世代中国人“高峡出平湖”的梦想。2015年，中国三峡集团陆佑楣院士荣获2015年世界工程组织联合会（WFEO）工程成就奖[1]，这是该奖项设立27年来中国大陆工程师首次获此殊荣。

3. 黄河小浪底水利枢纽工程

千百年来，中国古代历代王朝为征服黄河，耗尽银两，堵堵疏疏、疏疏堵堵，方法用尽，却无法从根本上治理水害。传说大禹治水到“丹阳”，见“丹阳”南、北、西三面是山，黄河流此阻滞不畅，两岸田园淹没，村舍倒塌，人畜漂没在洪流中。大禹忧心如焚，组织劳力凿开西山，让黄河水一泻千里，奔流到海，后将“丹阳”之地赐名为“小浪底”。

黄河的特点是水少沙多，水沙运行过程不协调。黄河65%的水量来自兰州以上，而90%的泥沙来自中游黄土高原，但二者在时间上常不相适应，当中游来沙多，上游来水少时，就造成河道的严重淤积，洪水水位不断抬高，威胁堤防安全。

民国时期的历次黄河勘察、调查、规划报告中，均将小浪底作为建坝坝址。新中国成立后，毛泽东主席于1951年10月30日亲临黄河视察，提出“要把黄河的事情办好”，黄河全面治理的规划工作开始进行。1953年黄河水利委员会组织力量进驻小浪底坝址开展勘探和测量工作。1955年7月，一届全国人大二次会议通过《关于根治黄河水害和开发黄河水利的综合规划》的决议。该规划在黄河干流由上而下布置46座梯级，小浪底是第40个梯级，

1 WFEO 1986年成立于巴黎，是在联合国教科文组织倡议和支持下成立的世界上最大的非政府工程组织，工程方面最权威的学术机构。工程成就奖主要关注服务人类的杰出成就，旨在增强全球公众对工程的实践、理论和社会贡献的关注。

黄河小浪底水库全景

为径流式电站。

从地理位置上看，小浪底是三门峡以下唯一能够取得较大库容的坝址，若能兴建水库，必将成为防御黄河下游特大洪水的重要保证。1981 年 3 月，黄河水利委员会设计院完成《黄河小浪底水库工程初步设计要点报告》，确定枢纽开发任务为防洪、减淤、发电、供水、防凌；工程等级为一等，水库正常高水位 275 米，设计水位 270.5 米，校核洪水位 275 米；拦河坝为重粉质壤土心墙堆石坝，坝顶高程 280 米；总库容 127 亿立方米。水库初期采取“蓄水拦沙”运用，后期采取“蓄清排浑”运用；电站装机 6 台，单机容量 26 万千瓦。

小浪底工程被国际水利学界视为世界水利工程史上最具挑战性的项目之一，技术复杂，施工难度大，现场管理关系复杂，移民安置困难多。其工程复杂性主要在于工程泥沙和工程地质两个问题。小浪底工程几乎控制全部的黄河泥沙，实测最大含沙量 941 千克 / 立方米。地质方面，有大于 70 米的河床深覆盖层、软弱泥化夹层、左岸单薄分水岭、顺河大断裂、右岸倾倒变形体、地震基本烈度 7 度等难题。为解决这些问题，小浪底轮廓设计最终确定了以洞群进口集中布置为特点的枢纽建筑物总布置格局，提出导流洞改建孔板消能泄洪洞，并按国际施工水平确定工期。

1991 年 4 月，七届全国人大四次会议批准小浪底工程在“八五”期间动工兴建。1991 年 9 月，小浪底工程开始前期工程建设，

1994年9月主体工程开工，1997年10月截流，2000年元月首台机组并网发电，2001年底主体工程全面完工。工程共完成土石方挖填9 478万立方米，混凝土348万立方米，钢结构3万吨，安置移民20万人。

小浪底工程在国家改革开放和经济体制由计划经济向市场经济转轨时期兴建。兴建中，工程组织者进行了广泛深入的国际合作和建设管理体制创新，引进、应用、创造了新的设计、施工技术，取得了巨大成就。技术上，较好地解决了垂直防渗与水平防渗相结合问题和进水口防淤堵问题，设计建造了世界上最大的孔板消能泄洪洞和单薄山体下的地下洞室群，实现了高强度机械化施工。管理上，成功地引进外资并进行国际竞争性招标，管理方式与国际惯例接轨。小浪底工程建设历时11年，取得了工期提前、投资节约、质量优良的佳绩，赢得国内外工程界的广泛赞誉。

4. 为中国水利工程做出贡献的工程专家

张光斗（1912—2013），水利水电工程结构专家和工程教育家。1912年5月出生于江苏常熟市。1934年获交通大学（上海交通大学前身）土木工程学士学位。1936年，获美国加州大学土木工程硕士学位。1937年获美国哈佛大学土木工程硕士学位，攻读博士学位。1945年回国任资源委员会全国水电工程总处设计组主任工程师、总工程师。1949年10月起在清华大学任教，历任清华大学水利工程系副主任、主任，清华大学副校长、校务委员会名誉副主任。1955年当选中国科学院学部委员（院士），同年，任中国科学院水工研究室主任。1958年任水利电力部、清华大学水利水电勘测设计院院长兼总工程师。1960年任清华大学高坝及高速水流研究室主任。1981年被聘为墨西哥国家工程科学院国外院士，同年获美国加州大学哈斯国际奖。

张光斗

1994 年当选为中国工程院院士。

张光斗长期从事水利水电建设工作，负责人民胜利渠渠首工程设计。参加官厅水库、三门峡工程、丹江口工程、二滩水电站、隔河岩水电站、葛洲坝工程、三峡工程、小浪底工程等设计。张光斗是六十多年来三峡工程规划、设计、研究、论证、争论，直至开工建设这一全过程的见证人和主要技术把关者。1993 年 5 月，张光斗被国务院三峡工程建设委员会聘任为《长江三峡水利枢纽初步设计报告》审查核心专家组的组长，主持了三峡工程初步设计的审查。三峡工程开工后，张光斗担任国务院三峡建委三峡工程质量检查专家组副组长，他每年至少两次来到三峡工地的施工现场进行检查与咨询。2000 年末，耄耋之年的张光斗又一次来到三峡工地，他为考察导流底孔的表面平整度是否符合设计要求，硬是从基坑攀着脚手架爬到 56 米高的底孔位置，眼睛看不清，他就用手去摸孔壁。之后张光斗在质量检验总结会上极力坚持修补导流底孔，以确保工程质量。在场的人们望着脚穿套鞋、头戴安全帽的老人瘦弱的身影，一个个感动得说不出话来。2013 年 6 月 21 日张光斗在北京逝世，享年 101 岁。

黄万里（1911—2001），著名水利工程学专家、清华大学教授。近代著名教育家、革命家黄炎培第三子，出生于上海，早年毕业于唐山交通大学（现西南交通大学），后获得美国伊利诺伊大学香槟分校工程博士学位，是第一个获得该校工学博士学位的中国人。黄万里主张从江河及其流域地貌生成的历史和特性出发，认识和尊重自然规律，全面、整体地把握江河的运动态势，把因势利导作为治河策略的指导思想。他的这一理论，在学术界有广泛的影响。他出版的重要学术专著有《洪流估算》和《工程水文学》。

汪胡桢（1897—1989），浙江嘉兴县人，水利专家、中国科学院院士。主持修建了我国第一座钢筋混凝土连拱坝——佛子岭水库大坝，促进了我国坝工技术的发展；主持了治理黄河的第一项枢纽工程——三门峡水库的建设；培养了几代水利人才；主持编写了《中国工程师手册》等大型工具书。

张含英 101 岁时留影

张含英（1900—2002），山东菏泽人，水利专家，我国近代水利事业的开拓者之一。特别是对黄河的治理与开发，做出了不可磨灭的贡献，出版了《历代治河方略探讨》《黄河治理纲要》等十多种黄河治理论著。他贯彻上中下游统筹规划、综合利用和综合治理的黄河治理指导思想，为黄河治理事业，从传统经验转向现代科学指明了方向。

须恺（1900—1970），江苏无锡人，水利工程学家和教育家，我国现代水利科技事业的先驱。毕生致力于流域水利开发，兴利除害，综合利用水资源。他主持研究制定淮河、海河、钱塘江、赣江、綦江等流域规划和大型工程规划；在主持苏北运河规划设计中，提出了利用沉挂法加固修护长江堤岸。他是我国最早从国外学习灌溉和回国开设灌溉学讲座的学者，培养造就了一批水利工程技术的骨干力量。

高镜莹（1901—1995），天津人，水利专家。多年致力于海河流域的治理，对制订海河流域的治理规划，确立海河流域防洪体系进行了开拓性工作。曾主持并完成了海河流域许多河道治理与闸坝工程。长期从事与领导水利技术管理工作，组织专家审查水利规划、设计，制订规范标准和处理重大技术问题，为推动水利技术水平的提高做出了贡献。

钱宁（1922—1986），浙江杭州人，水利专家，曾当选为中国水利学会名誉理事，国际泥沙研究中心顾问委员会主席。一直倡导将河流动力学和地貌学结合起来研究河床演变，为该学派创始人之一，为我国研究河床演变做出重要贡献。他主持研究的“集中治理黄河中游粗泥沙来源区”成果，是黄河治理认识上的一个重大突破。

河海大学校园里的刘光文雕像

黄文熙（1909—2001），江苏吴江人，水工结构和岩土工程专家，我国土力学学科的奠基人之一，新中国水利水电科学研究事业的开拓者。在水利水电工程、结构工程和岩土工程几个领域中都取得了杰出的成就。培养了大批工程技术人才。

刘光文（1910—1998），浙江杭州人，新中国水文高等教育的奠基人，创办新中国第一个水文本科专业、水文系。参加过我国多座大中型水库设计洪水的论证审查，负责筹建中科院南京水文研究室，主持长江三峡大坝设计洪水计算研究等。

冯寅(1914—1998)，浙江嵊州人，水利专家。1936 年毕业于唐山交通大学土木系。曾在杭州钱塘江桥工务处,桂林铁路工程局，湘桂公路工程处、工务局,复旦大学等处工作。1947 年赴美国留学，毕业后在美国联邦垦务局工作。1950 年 3 月回国，历任水利部工程总局、官厅水库工程局工程师、工务科科长，水利部、水电部北京勘测设计院副总工程师，规划设计院副总工程师，水利部副部长，水利电力部总工程师等职务。长期从事水利工程的设计和审查工作，先后主持过官厅水库，岗南、黄壁庄、十三陵、怀柔、密云等大型水库的设计，指导过潘家口、大黑汀水库与引滦入津、入唐工程，以及黄河干、支流部分水库的规划设计工作，为中国水利水电建设和发展做出突出贡献。

潘家铮

潘家铮（1927—2012），浙江绍兴人，国内外知名的水电工程专家，中国科学院院士，中国工程院院士、副院长。毕生从事中国的水电建设和科研工作，曾参与设计和指导过新安江、三峡等许多重大水利工程。

四、新时期的道路与桥梁工程师

1. 从公路扩展到高速公路建设

公路，是一个国家的命脉。至 1978 年，尽管我国已经拥有 89 万千米公路，但基本上是 20 世纪 50 年代的底子，40% 达不到最低技术等级，属等级外公路；46% 是通过能力很低的四级公路；一级和二级公路达不到 2%；有近百个县、4 000 多个乡、10 万多个村不通公路；有 60% 以上的主要公路干线超过了设计年限。仅有的国道仍是混合使用的骨干公路，卡车、小平板车、摩托车、拖拉机、小毛驴一齐上路。

党的十一届三中全会以后，农村首先进行了经济改革，农业生产发展起来了。随着农村经济不断发展，交通运输量不断增加，那种简易式的公路不能适应了。农民要求把农产品运进城里出售，又运回工业用品和日用消费品，因此急切要求修建公路。从 1980 年起，“敢为天下先”的广东人利用外资、向银行贷款、发动侨胞捐赠、群众集资、民办公助、地方集资等方式，获资 6 亿元，投入交通建设。4 年间，修建了 767 座桥梁，新建、改造了 4 173 千米公路，其中有一批二级标准以上的宽、直、平公路，使交通面貌得到一定程度的改善。

1983 年初，交通部提出了“有河大家行船，有路大家跑车”的方针，迈出了将公路建设推向社会的试探性脚步，在公路建设上开始了最初的“松绑”，于是封闭了很久的公路建设的大门，终于在改革的时代徐徐开启，公路建设由原来主要靠交通部门一家建设，转向调动各方面积极性，一起干、一起上的新阶段。“要致富，先修路”，从引领改革开放风气之先的南粤龙城，沿东南沿海，迅速地传向全国，成为那个时代媒体上出现频率最高的词语。中国公路工程建设步伐由此加快，具体表现在建设了“五纵七横”高速公路网，从根本上改变了改革开放前中国没有高速公路的状况。截至2012年底，全国公路通车总里程达424万千米，其中高速公路通车里程达9.6万千米。截至2014年底，中国大陆高速公路的通车总里程达11.2万千米。

从20世纪70年代，我国修建高速公路事宜被提上议程，但直到80年代初期，仍停留在争论阶段。1983年3月，在北京召开的“交通运输技术改革政策论证会”上，与会代表对高速公路问题进行了激烈争论。最后认为高速公路不符合中国国情，在中国不能修建。“高速公路”这个词，也不宜应用。于是公路界的一些专家不得不建议把“高速公路”改称“汽车专用公路”。这种称呼在世界上是没有先例的，在当时我国的公路工程技术标准中也没有这种技术标准。

1983年6月，交通部与中国交通运输协会在长春联合召开“公路运输发展座谈会”，有人在会上发言提出修建中国式的京津塘高速公路，话还未讲完，就被打断了发言，不让继续讲了。因为讲“高速公路”是违反“国情”的。这件事引起了与会专家学者的震惊，也激起了新闻界朋友的义愤，新华社记者发出了中国专家建议修建中国式高速公路的电讯，在国际上产生了反响，几个国家的通讯社转发了这条消息。1983年8月31日，《经济参考报》发表了题目为“为何不能有中国式高速公路”的记者采访文章，文章论述了修建中国式的京津塘高速公路的条件和标准。1983年12月1日出版的《红旗》杂志刊发了题目为“积极发展公路建设和汽车运输”的署名文章，文章对我国公路建设和汽车运输提出了具体建议。1984年4月中旬，国务院开会研究天津港的体制改革问题，在会议纪要中明确提出了加快修建京津塘高速公路。

根据国务院关于加快京津塘高速公路建设的指示，交通部于1984年5月邀请北京市、天津市、河北省和国家计委有关负责同志座谈研究贯彻落实措施。从此在我国修建高速公路的问题，才算正式得到认可，高速公路进入了国人的视野。

1990年8月20日，经过6年多的努力，沈大高速公路（沈阳—大连）全线建成并开放试通车，全长375千米，由此成为中国内地

第一条建成的高速公路。1990 年 9 月 1 日全线正式通车。1993 年沈大高速公路建设荣获国家科技进步一等奖，1994 年获第六届国家优秀工程设计金奖。沈大高速公路作为当时我国公路建设项目中规模最大、标准最高的公路，全部工程由我国自行设计、自行施工，开创了我国建设长距离高速公路的先河，为中国大规模的高速公路建设积累了经验。

目前中国的高速公路建设是实现“五纵七横”网络，这个网络是在 1992 年规划的，建设以高速公路为主的公路网主骨架，总里程约 3.5 万千米。其中，“五纵”是指同三高速公路（黑龙江同江—海南三亚，长 5 700 千米）、京福高速公路（北京—福建福州，长 2 540 千米）、京珠高速公路（北京—广东珠海，长 2 310 千米）、二河高速公路（内蒙古二连浩特—云南河口，长 3 451 千米）和渝湛高速公路（重庆—广东湛江，长 1 384 千米）；“七横”是指绥满高速公路（黑龙江绥芬河—内蒙古满洲里，长 1 527 千米）、丹拉高速公路（辽宁丹东—西藏拉萨，长 4 590 千米）、青银高速公路（山东青岛—宁夏银川，长 1 610 千米）、连霍高速公路（江苏连云港—新疆霍尔果斯，长 4 395 千米）、沪蓉高速公路（上海—四川成都，长 2 154 千米）、沪瑞高速公路（上海—云南瑞丽，长 4 090 千米）和衡昆高速公路（湖南衡阳—云南昆明，长 1 980 千米）。

“五纵七横”的高速公路网络对经济社会发展起到了不可磨灭的促进作用，它不仅支撑了经济发展，优化了运输布局和服务，还提高了生产要素使用效率，推动了产业结构升级和空间布局优化。推动了社会进步，改善了人民生活质量，推动了城镇化进程，促进了区域经济协调发展，也给中国高速公路历史添了浓墨重彩的一笔。

2. 改革开放后的桥梁建设

改革开放以来，我国社会主义现代化建设和各项事业取得了世人瞩目的成就，公路交通的大发展和西部地区的大开发为公路桥梁建设带来了良好的机遇。我国大跨径桥梁的建设进入了一个辉煌的时期，陆续建设了一大批结构新颖、技术复杂、设计和施工难度大、现代化品位和科技含量高的大跨径斜拉桥、悬索桥、拱桥、PC连续刚构桥，积累了丰富的桥梁设计和施工经验，建设水平已跻身于国际先进行列，并保持着三大类型桥梁跨径的世界纪录。

改革开放三十多年后的今天，中国在桥梁数量上已称得上世界冠军，中国的公路桥梁和城市桥梁已分别建成70多万座和6万多座。目前中国正开展全球最大规模的桥梁建设，包括特殊自然环境与复杂地质条件的桥梁，跨越海湾、海峡通道的深水基础、特长桥梁等。

国际上有学者认为世界桥梁发展，已经进入以中国为中心阶段。在国内，国道主干线同江至三亚之间就有5个跨海工程，渤海湾跨海工程、长江口跨海工程、杭州湾跨海工程、珠江口伶仃洋跨海工程，以及琼州海峡跨海工程。其中难度最大的有渤海湾跨海工程，海峡宽57千米，建成后将成为世界上最长的桥梁；琼州海峡跨海工程，海峡宽20千米，水深40米，海床以下130米深未见基岩，常年受到台风、海浪频繁袭击。此外，还有长江、珠江、黄河等众多的桥梁工程。2011年6月30日，青岛胶州湾跨海大桥（青岛至黄岛）正式通车，青岛胶州湾大桥全长36.48千米，成为世界最长跨海大桥，比杭州湾跨海大桥长0.48千米。

3. 杭州湾跨海大桥工程

（1）杭州湾跨海大桥的设计者群体

杭州湾位于中国改革开放最具活力、经济最发达的长江三角洲地区，其中的宁波与上海更是长三角的重要引擎。然而自古以来，宁波与上海的交通受杭州湾天堑阻隔。两座城市的直线距离尽管只有100多千米，但如果从海上走，傍晚五点开船，第二天早上六七点才能到达。选择陆路，就必须绕经杭州才能到达，沿着杭州湾勾勒出一个大大的V字，全程超过350千米；坐火车得6个小时，即便是高速公路也得耗费4个小时以上的时间。

在20世纪80年代末，就有人大代表提出建造杭州湾大桥的设想。1993年6月9日，宁波市计划委员会有关人士起草了一份“建设杭州湾通道对接轨浦东和加快长江三角洲及东南沿海地区发展重要性”的内部材料。1994年2月17日，宁波市“两会”结束后，宁波成立了杭州湾大桥前期工作领导小组，并开始了长达八年的项目论证工作。

2001年2月20日，浙江省计划委员会、交通厅主持召开了“杭州湾通道预可补充报告（隧道方案）评审会”。在这次会上，与会专家一致认为大桥方案优于隧道方案，因为隧道造价是建桥的2倍，且技术难度更大。当年4月23日，交通部报国家计划委员会的函中明确提出“同意建设杭州湾交通通道工程”，并首次提出将名称改为“杭州湾跨海大桥工程”。2001年底，通过招标，确定由中交公路规划设计院、中铁大桥勘测设计院和交通部三航院联合承担杭州湾大桥的设计任务。2002年4月30日国务院正式批准大桥立项，其后开始前期准备工程。

在杭州湾海上建桥，可能是中国工程师面对的建桥条件最为恶劣的工程之一。在设计过程中，设计团队通过对当地气象、水文、地质地形、海洋环境、施工组织等设计难题进行充分论证并对可能遇到的问题逐一解决，将大桥设计、施工、运营管理融合在一起。在做杭州湾大桥设计任务之前，设计团队刚刚做完香港九号干线昂船洲大桥和伶仃洋大桥的工程可行性研究。这两座大桥建设规模也很大，特别是伶仃洋的海洋条件也很复杂，这为杭州湾大桥设计打下了重要的基础。

在大桥的设计中，设计工程师们逐一解决了五大设计难点，分别是抗台风、克服杭州湾的水文条件的不利影响、克服地质地形的不利影响、解决海水腐蚀问题、施工组织的困难。

2003年6月8日，工程举行奠基仪式，第一根钻孔灌注桩在南岸滩涂区被打入地下，施工正式开始，拉开了杭州湾跨海大桥的建设大幕。2008 年 5 月 1 日大桥工程全部完工，正式通车。桥身整体呈 S 形，全长 36 千米，由 327 米长的南北引桥、1 486 米长的南北通航孔桥和 34.187 千米长的高架桥面组成。大桥总投资约 114 亿元，设计寿命 100 年以上，可以抵御 12 级台风和强烈海潮的冲击。

（2）杭州湾跨海大桥的建设者群体

杭州湾跨海大桥为国家重点工程，作为世界第一跨海长桥，不仅设计难度大，具体施工更是需要克服重重困难，这项工程对我国组织施工的工程师和施工人员都是巨大的挑战，大桥的成功建成，是与杭州湾大桥工程指挥团队分不开的，他们在施工中有多项的自主创新。

首先，他们创造性地解决了妨碍大桥施工的拦路虎。杭州湾地区地质复杂，大桥南岸有长达 10 千米的滩涂区，施工设备、车辆、船只难以进入。而且在浅滩地表以下 50 ~ 60 米的区域里，零星分布着寿命 1 万年以上的浅层沼气。这些施工时从海底不断冒出的浅层沼气有井喷和燃烧的风险；严重时，能从海底冲出海面二三十米，把施工船冲翻，严重影响大桥施工。指挥部组织的专题研究小组在深入研究后，决定在海底约 5 米厚的沙土层最高点打孔，然后把装有气压阀的小管道钻入天然气田来控制放气。放气还要掌握好节奏，不能太急太快，因为放得多会造成地面沉降。在滩涂区的钻孔灌注桩施工中，通过增加泥浆的比重来平衡气压。这种施工工艺在世界同类地理条件中还是首创。针对滩涂区车辆难以进入的问题，中铁四局花费 1.68 亿元建造了 10 000 米长的施工栈桥，解决了滩涂施工难题。

其次，他们解决了浅海打桩和深海打桩的难题。在浅滩桥墩施工中采用钻孔灌注桩基础，而杭州湾软土层厚度超过 30 米，下方岩石层又深达 160 多米，为了确保大桥的安全牢固性，又避免高成本和高技术风险，大桥采用了打摩擦桩的方案，也就是利用泥土的包围摩擦来固定桩身桥体。打桩钻孔时为防止淤泥反复淤积，需要先打下直径 3.1 米、长 52 米的钢护筒，然后用直径 20 多厘米、长 100 米的钻杆带动钻头向下钻进，起钻后下钢筋笼，最后浇筑混凝土；五根直径 2.5 米的钻孔灌注桩才能组成一个桥墩。前所未遇的打桩难度使得施工队在动工之初仅仅打一个桩就要花费 10~15 天。而施工队伍熟悉了打桩工作之后，每 3~4 天就能钻成一个孔，之后用 1 天下钢筋笼、1 天浇筑混凝土，做好一个桩的时间比最初减少了三分之二。在施工高峰期，南岸有多达 34 台钻机同时工作。大桥的桥墩、承台就这样沿着滩涂一点点、一节节地向海里推进。

杭州湾中央的深海区水流湍急，不具备现场浇筑的条件，而如果采用海工作业的普遍桩型——混凝土预制桩，就要做到管径 1.5 米至 1.6 米，长度近百米，重量超百吨，不仅预制拼接难度大，并且在流急浪高的杭州湾极易造成失稳，而国内目前也尚无这样的打桩设备。另外，设计人员在前期的地质勘探过程中发现，10 米厚的“铁板沙”会阻拦桩基穿透，有可能出现混凝土预制桩被打裂仍不能到位而影响工程质量的情况。专家组决定在深海区舍弃混凝土预制桩而采用钢管桩。而杭州湾跨海大桥所需要的钢管桩总量 5 474 根，最长的一根达到近 90 米，高度超过 30 层楼；直径 1.6 米的钢管桩比平常吃饭的圆桌还大，重量超过 70 吨，为世界之最；而且必须整体加工一次成型。为了制作这些庞然大物，承包厂商在多次研究试验后，采用整桩螺旋焊卷工艺解决了这一难题。

杭州湾海流湍急，为了解决海上打桩难题，负责深海区 V 标段工程的中港二航局投资 1.7 亿元，打造了具有世界先进水平的“海力”号多功能全旋转打桩船。“海力”号不仅能做到 360 度全角度打桩，而且装有 GPS 定位系统，能够实现精确定位；重达 28 吨的液压锤也威力巨大，1 天最多能打下 15 根钢管桩。

最后，他们解决了梁上架梁和深海架梁的难题。杭州湾跨海大桥在滩涂区部分的桥身，使用的是 50 米跨度混凝土箱梁，每片重达 1 430 吨。而早先修建的施工栈桥承重能力也只有 500 吨，根

杭州湾跨海大桥
（摄于 2011 年）

本无法将箱梁运进滩涂。为此，施工人员想到了“梁上架梁”的施工方法。就是在已经架好的梁上，用架梁机把新箱梁运送到前端，逐步推进架设。梁上架梁是成熟技术，但是目前国内采用的梁上运梁技术的最大吨位仅为 500 吨，国际上的纪录也只有 900 吨，重达 1 430 吨的 50 米箱梁已经远远超过现有设备的能力，为此需要研发大吨位的架桥机和运梁机。承包工程的中铁二局一方面联合国内力量进行技术攻关，另一方面也在国际上寻找研制运架设备的合作伙伴。最后，在意大利 DEAL 公司帮助下，中铁二局研制出专用于大桥工程的 LGB1600 型 1 600 吨级架桥机，只用了短短 39 天就实现了 LGB1600 整机调试成功。

杭州湾跨海大桥除了浅海引桥区的 404 片 50 米混凝土箱梁，

在深海区还有540片70米混凝土箱梁，每片重达2 180吨，宽16米、高4米。为了确保杭州湾跨海大桥在大海中屹立百年，每片箱梁需要将200吨的钢筋捆绑并焊接在一起，之后要浇筑830立方米的混凝土。为防止混凝土开裂，四台泵必须同时一次性浇筑成功。负责箱梁标段的中铁大桥局在70米箱梁制造时运用了塑料波纹管真空辅助压浆技术，极大提高了孔道浆体的强度和密实度。但巨型箱梁造好后，运输、架设又是一个难题。为此，中铁大桥局专门为工程定制了2 500吨级“小天鹅号”架梁船，来完成从临时码头到施工现场的箱梁运送和架设任务。2005年底，大桥局又投资1.5亿元研制了起重能力亚洲第一、世界第二的“天一号”架梁船，负责高墩位处的箱梁架设。“天一号”长93米，排水量11 000吨，拥有4 800马力，负载能力达到3 000吨，起重高度为53米。2005年6月1日上午，“小天鹅号”吊起第一片70米箱梁缓缓驶离临时码头，拉开了杭州湾跨海大桥深海架梁的序幕。中午时分，“小天鹅号”抵达预定施工海域，等待架设的最佳潮位。下午6点20分，雷阵雨过后天空放晴，“小天鹅号”起重船两只巨大的吊臂举着2 200吨重的箱梁缓缓下放，35分钟之后，首片70米箱梁准确无误地安放在墩顶。

杭州湾跨海大桥的建设团队不断自主创新，填补了我国跨海大桥建设多项空白，攻克多个世界性难题，创造多项世界第一，共获250余项科技创新和技术创新成果，取得了以9大核心技术为代表的自主创新成果，有6项关键技术达到国际领先水平。2012年2月，杭州湾跨海大桥以“强潮海域跨海大桥建设关键技术”获得2011年度国家科学技术进步奖二等奖。

五、新时期的港口建设工程师

1. 中国港口建设的起步与发展

中国水运发展的历史源远流长，从新石器时代到封建王朝，再到新中国成立，中国港口建设有着自己的历史脉络。早在新石器时代，先人已在天然河流上广泛使用独木舟和排筏。从浙江余姚河姆渡出土的木桨证明，在距今两千多年前，中国东南沿海的渔民已使用桨出海渔猎。春秋战国时期，水上运输已十分频繁，港口应运而生，当时已有渤海沿岸的碣石港（今秦皇岛港）。

汉代的广州港以及湛江徐闻、北海合浦港，已与国外有频繁的海上通商活动。长江沿岸的扬州港，兼有海港与河港的特征，到唐朝已是相当发达的国际贸易港。广州、泉州、杭州、明州（今宁波）是宋代四大海港。鸦片战争后，列强用炮舰强行打开中国国门，签订了一系列不平等条约，中国沿海海关和港口完全被外国人所控制，内河航行权也丧失殆尽。至此，中国的港口长期受制于外来势力，成为帝国主义侵略掠夺我国资源财富的桥头堡。新中国成立前，中国港口几乎处于瘫痪状态，全国（除台湾省）仅有万吨级泊位60个，码头岸线总长仅2万多米，年总吞吐量只有500多万吨，多数港口处于原始状态，装卸靠人抬肩扛。

新中国成立后，由于帝国主义的海上封锁，加上经济发展以内地为主，交通运输主要依靠铁路，海运事业发展缓慢。在20世纪50年代到70年代时期，中国的港口发展主要是以技术改造、恢复利用为主。沿海港口平均每年只增加一个深水泊位，其中大多系小型泊位改造而成。从20世纪70年代开始，随着中国对外关系的发展，对外贸易迅速扩大，外贸海运量猛增，沿海港口货物通过能力不足，船舶压港、压货、压车情况日趋严重，周恩来总理于1973年初发出了“三年改变我国港口面貌”的号召，中国由此开始了第一次建港高潮。从1973年至1982年全国共建成深水泊位51个，新增吞吐能力1.2亿吨。首次自行设计建设了中国大连5万~10万吨级原油出口专用码头。

20世纪70年代末到80年代，中国经济发展进入一个新的历史时期，国家在“六五”（1981—1985）规划中将港口建设列为国民经济建设的战略重点。港口建设步入一个高速发展阶段。“六五”期间共建成54个深水泊位，新增吞吐能力1亿吨。经过五年建设，中国拥有万吨级泊位的港口由1980年11个增加到1985年的15个，1985年完成吞吐量3.17亿吨。到了“七五”期间，我国港口的建设速度进一步加快，共建成泊位186个，新增吞吐能力1.5亿吨。其中深水泊位96个，共建成煤炭泊位18个，集装箱码头3个以及矿石、化肥等具有当今世界水平的大型装卸泊位。拥有深水泊位的港口已发展到20多个，年吞吐量超过1 000万吨的港口有9个。

20世纪80年代末到90年代，随着改革开放政策的推行与实施以及国际航运市场的发展变化，中国开始注重泊位深水化、专业化建设，出现了第三次建港高潮。建设重点是处于中国海上主通道的枢纽港及煤炭、集装箱、客货滚装船等三大运输系统的码头。至1997年底全国沿海港口共拥有中级以上泊位1 446个，其中深水泊位553个，吞吐能力9.58亿吨。完成吞吐量由1980年的3.17亿吨增长到1997年9.68亿吨。基本形成了以大连、秦皇岛、天津、青岛、上海、深圳等20个主枢纽港为骨干，以地区性重要港口为补充，中小港适当发展的分层次布局框架。

20世纪90年代末到21世纪初，随着中国加入WTO，经济全球化进程加快，科技革命迅猛发展、现代信息技术及网络技术也伴随着经济的全球化高速发展，产业结构不断优化升级，综合国力竞争日益加剧，现代物流业已在全球范围内迅速成长为一个充满生机活力并具有无限潜力和发展空间的新兴产业。现代化的港口将不再是一个简单的货物交换场所，而是国际物流链上的一个重要环节。国家进一步投入大量资金进行大型深水化、专业化泊位建设，截至2003年底，全国沿海港口共有生产性泊位4 274个，其中万吨级以上泊位约 748 个，综合通过能力 16.7 亿吨，共完成货物吞吐量 20.64 亿吨。

2. 上海洋山深水港建设工程

洋山深水港是我国港口建设史上规模最大、建设周期最长的工程。1992 年，党的十四大提出“以上海浦东开发为龙头，进一步开放长江沿岸城市，尽快把上海建成国际经济、金融、贸易中心之一，带动长江三角洲和整个长江流域地区经济的飞跃”的重大决策，即提出把上海建成“一个龙头、三个中心”的重大战略，而上海国际航运中心建设的基础工作就是港口建设。

洋山港港区规划总面积超过 25 平方千米，包括东、西、南、北四个港区，按一次规划，分期实施的原则，自 2002 年至 2012 年分三期实施，工程总投资超过 700 亿元，其中 2/3 为填海工程投资，装卸集装箱的桥吊机械等投资约 200 多亿元。到 2012 年，洋山港已拥有 30 个深水泊位，年吞吐能力达 1 500 万标箱，使上海港的吞吐能力增加一倍。

北港区、西港区为集装箱装卸区，是洋山港的核心区域。规划深水岸线 10 千米，布置大小泊位 30 多个，可以装卸世界最大的超巴拿马型集装箱货轮和巨型油轮，全部建成后年吞吐能力可达 1 300 万标箱以上，约占上海港集装箱总吞吐量的 30%，单独计算可跻身世界第五大集装箱港。

北港区以小洋山本岛为中心，西至小乌龟岛、东至沈家湾岛，平均水深 15 米，岸线全长 5.6 千米，分为三期建设。北港区一期工程由港区、东海大桥、沪芦高速公路、临港新城等四部分组成。2002 年 6 月 26 日，工程正式开工建设，深水港一期工程在东海大桥工地打下第一根桩。2004 年 5 月 18 日，洋山深水港一期工程码头主体结构基本完成。2004 年 6 月 26 日，洋山深水港区一期陆域形成全部完成。2005 年 5 月 25 日，32.5 千米的东海大桥实现贯通。2005 年 12 月 10 日，洋山深水港区一期工程竣工并开港投用。

上海洋山深水港码头
（摄于 2010 年）

一期工程总投资143亿元。共建设5个10万吨级深水泊位，前沿水深15.5米，码头岸线长1 600米，可停靠第五、六代集装箱船，同时兼顾8 000标准集装箱船舶靠泊，陆域面积为1.53平方千米，堆场87万平方米，年吞吐能力为220万标准箱，由上港集团独自经营。作为配套工程的沪芦高速公路北起A20公路（外环线）环东二大道立交南，至东海大桥登陆点，全长43千米。临港新城规划面积90平方千米，居住人口30万，将建成独具风貌的滨海园林城市。

北港区二期工程东端与一期工期相连，于2005年6月开工，2006年12月竣工，总投资57亿元。共建设4个10万吨级泊位，前沿水深15.5米，码头岸线长1 400米，陆域面积为0.8平方千米，吹填砂400万立方米，堆场86.1万平方米，年吞吐能力为210万标准箱。由上港集团、和记黄埔集团等五家中外巨头的合资公司运作。

北港区三期工程分两个阶段建设，一阶段工程2007年12月竣工，二阶段工程2008年12月竣工，总投资170亿元。共建7个10万吨级泊位，前沿水深17.5米，码头岸线长2 650米，其最东端可停泊15万吨油轮。陆域面积5.9平方千米，年设计能力为500万标准箱，由上港集团、新加坡港务集团、中海集团及法国达飞轮船等合资公司运作。

深水港全部三期工程的顺利竣工，标志着洋山深水港北港区全面建成。现在，北港区已建成16个深水集装箱泊位，岸线全长5.6千米，年吞吐能力为930万标准箱，吹填砂石1亿立方米，总面积达到8平方千米。更为壮观的是，在连成一片的5.6千米的码头上，整齐地排列着60台高达70米的集装箱桥吊，这些庞然大物每天可装卸3万只集装箱。规模如此庞大的港区工程能在短短六年半时间里完工，这在世界港口建设史上也是罕见的。

中国工程师史 第三卷

第二章

自主创新——新时期的新兴工程及工程师

一、新时期的空天技术工程师

1. 载人航天工程的建设

进入 20 世纪 80 年代后，我国的空间技术取得了长足的发展，具备了返回式卫星、气象卫星、资源卫星、通信卫星等各种应用卫星的研制和发射能力。特别是 1975 年，我国成功地发射并回收了第一颗返回式卫星，使中国成为世界上继美国和苏联之后，第三个掌握了卫星回收技术的国家，这为中国开展载人航天技术的研究打下坚实的基础。

中国载人航天工程于 20 世纪 90 年代初期开始筹划，1992 年 9 月 21 日，中共中央政治局常委会正式批准实施我国载人航天工程。中国载人航天工程是中国自主创新的典范，从开始规划就具有运筹帷幄的战略构想，确定了三步走的发展战略。

第一步是发射无人和载人飞船，将航天员安全地送入近地轨道，进行对地观测和科学实验，并使航天员安全返回地面。“神舟五号”飞船首次载人太空飞行的成功，实现了第一步的发展战略。随着我国第一名航天员于 2003 年 10 月 16 日安全返回，中国载人航天工程实现历史性突破，第一步的任务已经完成。

第二步是继续突破载人航天的基本技术，这些技术包括：多人多天飞行、航天员出舱在太空行走、完成飞船与空间舱的交会对接等。在突破这些技术的基础上，发射短期有人照料的空间实验室，建成完整配套的空间工程系统。发射“神舟六号”，标志着中国开始实施载人航天工程的第二步计划。“神舟八号”“神舟九号”飞船实现首次自动交会对接和首次手动交会对接，“神舟九号”航天员进入“天宫一号”并值守。中国载人航天工程在 2009 年至 2012 年完成发射目标飞行器，同时在空间轨道上实施飞行器的空间轨道交会对接技术。

第三步是建立永久性的空间试验室，建成中国的空间工程系统，

中国载人航天三步走战略示意图

航天员和科学家可以来往于地球与空间站，进行较大规模的空间科学实验和应用技术探索。中国载人航天“三步走”计划完成后，航天员和科学家在太空的实验活动将会实现经常化，为中国和平利用太空和开发太空资源打下坚实基础，为人类和平开发宇宙空间做出贡献。

载人航天工程由航天员、空间应用、载人飞船、运载火箭、发射场、测控通信、着陆场和空间实验室共八大系统组成。这八大系统涉及学科领域广泛、技术含量密集，全国110多个研究院（所）、3 000多个协作单位和几十万工作人员承担了研制建设任务。

“神舟”飞船是中国自行研制，具有完全自主知识产权，达到或优于国际第三代载人飞船技术的飞船。“神舟号”飞船采用三舱一段，即由返回舱、轨道舱、推进舱和附加段构成，由13个分系统组成。与国外第三代飞船相比，“神舟”飞船具有起点高、具备留轨利用能力等特点。

在2003年完成首次载人航天飞行任务之前，我国先后发射了四艘神舟飞船。其中“神舟一号”发射时间为1999年11月20日，是中国实施载人航天工程的第一次飞行试验，标志着中国航天事业迈出了重要步伐，对突破载人航天技术具有重要意义，是中国航天史上的重要里程碑。“神舟二号”是中国第一艘正样无人飞船，其

神舟六号载人飞船发射升空瞬间

系统结构与上代相比有了新的扩展，技术性能有了新的提高，飞船技术状态与载人飞船基本一致。“神舟三号”也是一艘正样无人飞船，飞船技术状态与载人状态完全一致。这次发射试验，运载火箭、飞船和测控发射系统进一步完善，提高了载人航天的安全性和可靠性。“神舟四号”发射时间为2002年12月30日，它是中国第一艘可载人的处于无人状态的飞船。

2. 月球探测工程

2004年，中国正式开始月球探测工程，命名为“嫦娥工程”。它由月球探测卫星、运载火箭、发射场、测控和地面应用等五大系统组成。其难度和自主创新幅度都更大，这些创新的先进性和可靠性能否得到承认，时刻考验着中国的科研人员和工程师。“嫦娥工程”分为“无人月球探测”“载人登月”和“建立月球基地”三个阶段。

2007年10月24日，“嫦娥一号”月球探测卫星在西昌卫星发射中心由“长征三号甲”运载火箭发射升空，卫星发射后，用8天至9天时间完成调相轨道段、地月转移轨道段和环月轨道段飞行。经过8次变轨后，于11月7日正式进入工作轨道。11月18日卫星转为对月定向姿态，使该卫星运行在距月球表面200千米的圆形

"玉兔号"月球车模型

轨道上执行科学探测任务。11月20日，探月卫星开始传回探测数据。11月26日，中国国家航天局公布了"嫦娥一号"卫星传回的第一幅月面图像。2009年3月1日16时13分，在圆满完成各项使命后，"嫦娥一号"卫星在控制下成功撞击月球，为我国月球探测的一期工程画上了圆满句号。

三年后，2010年10月1日，搭载着"嫦娥二号"卫星的"长征三号丙"运载火箭在西昌卫星发射中心点火发射。"嫦娥二号"主要任务是获得更清晰、更详细的月球表面影像数据和月球极区表面数据，因此卫星上搭载的CCD照相机的分辨率更高。同时，为"嫦娥三号"实现月球软着陆进行部分关键技术试验，并对"嫦娥三号"着陆区进行高精度成像，进一步探测月球表面元素分布、月壤厚度、地月空间环境等。

承担"落月"任务的"嫦娥三号"是探月工程"绕、落、回"三步走中的关键一步，实现中国航天器首次地外天体软着陆和月面巡视勘查，具有重要里程碑意义，备受海内外关注。2013年12月2日1时30分，在西昌卫星发射中心，中国的登月工程团队用"长征三号乙"运载火箭成功将"嫦娥三号"探测器发射升空。12月14日21时，"嫦娥三号"在距月面100米处悬停，利用敏感器对着陆区进行观测，以避开障碍物、选择着陆点。12分钟后，即21时12分，"嫦娥三号"探测器在月球虹湾区成功落月，着陆器和巡视器分离。中国成为世界上第三个实现月面软着陆的国家。

“嫦娥三号”探测器的一个最大亮点是它携带一辆月球车，这辆名为“玉兔号”的月球车首次实现了在月球软着陆和月面巡视勘察,并开展了月表形貌与地质构造调查等科学探测。月球车也称“月面巡视探测器”,是一种能够在月球表面行驶并完成月球探测、考察、收集和分析样品等复杂任务的专用车辆。

“嫦娥三号”着陆器和“玉兔号”月球车在前三个月昼工作期间，圆满完成了工程任务，获取了大量工程数据和科学数据，为下一阶段月球探测和科学研究打下了坚实基础。

2009 年,中国在探月二期工程实施的同时,为衔接探月工程一、二期，兼顾中国未来载人登月和深空探测发展，又正式启动了探月三期工程的方案论证和预先研究。三期工程于 2011 年立项，任务目标是实现月面无人采样返回。工程规划了 2 次正式任务和 1 次飞行试验任务。分别命名为“嫦娥五号”“嫦娥六号”和高速再入返回飞行试验任务，其中，“嫦娥五号”探测器是我国首个实施月面取样返回的航天器，目前正在进行研制，将按计划于 2017 年在海南发射，主要科学目标包括对着陆区的现场调查和分析，以及月球样品返回地球以后的分析与研究。

3. 北斗卫星导航工程技术专家

有一个国际俱乐部，只有四个会员，却吸引了各国首脑的关注和众多顶级科学家和工程师参与研究，这个俱乐部就是 GNSS（全球导航卫星系统），四个会员分别是美国 GPS、欧洲伽利略 GALILEO、俄罗斯格洛纳斯 GLONASS、中国北斗 COMPASS。中国北斗卫星导航系统是中国自主建设、独立运行，并与世界其他卫星导航系统兼容共用的全球卫星导航系统。

（1）著名空间技术专家——陈芳允

陈芳允（1916—2000），浙江黄岩人，1934 年考入清华大学物理学系。中国科技大学和国防科技大学教授，中国科学院院士，国际宇航科学院院士、副主席。

陈芳允是无线电电子学家，中国卫星测量、控制技术的奠基人之一，“两弹一星功勋奖章”获得者。他长期从事无线电电子学及电子和空间系统工程的科学研究和开发工作，曾参加英国早期海用雷达的研制工作，研制了电生理测试仪器。他还在北京电子研究所提出并指导研制出国际上第一台实用型毫微秒脉冲取样示波器。1964年与团队研制出飞机用抗干扰雷达，投产后大量装备我国歼击机。1964年至1965年，陈芳允提出方案并与团队研制出原子弹爆炸测试仪器，并参加了卫星测控系统的建设工作，为我国人造卫星上天做出了贡献。1970年，陈芳允研究了美国阿波罗登月飞船所用的微波统一测控系统后，针对通信卫星的测控要求，设计了新的微波统一测控系统。两套统一测控系统的成功研制，为中国通信卫星发射成功起了重要作用。此项目与通信卫星项目一同获得了1985年国家科技进步特等奖，陈芳允为主要获奖者之一。

1977年，中国建造了“远望号”航天远洋测量船，成为继美、苏、法之后第四个拥有航天测量船的国家。由于船上装载有多种测量、通信设备，光天线就有54部，各种设备间电磁干扰严重，影响了正常工作。陈芳允利用频率分配的方法，解决了测量船上众多设备之间的电磁兼容问题，使各种设备得以同时工作而互不干扰，从而成功地解决了“远望号”船电磁兼容这一重大技术难题，该技术在中国向太平洋发射运载火箭试验中首次得到验证。1988年因航天测量船上电磁兼容问题的解决，陈芳允获得国防科技进步一等奖。

1983年，陈芳允和合作者提出利用两颗同步定点卫星进行定位导航的设想，这一系统称为“双星定位系统”。这个系统由两颗在经度上相差一定距离（角度）的同步定点卫星，一个运行控制主地面站和若干个地面用户站组成。主地面站发信号经过两颗同步定点卫星到用户站；用户站接收到主地面站发来的信号后，即作出回答，回答信号经过这两颗卫星返回到主地面站。主站—两颗卫星—用户站之间的信号往返，可以测定用户站的位置。然后，主地面站把用户站的位置信息经过卫星通知用户站。这就是定位过程。主地面站和用户站之间还可以互通简短的电报。[1]

1986年，陈芳允和王大珩、王淦昌、杨嘉墀等四位院士联名致信邓小平，建议制定中国的高技术发展计划，该建议受到邓小平的高度重视。在邓小平的亲自批示和积极支持下，国务院在听取专家意见的基础上，经过认真研讨、论证，决定选择生物、航天、信息、激光、自动化、能源、材料等7个技术领域的15个主题项目作为突破重点，制定了《国家高技术研究发展计划纲要》，即“863计划”，这一计划的实施为中国高技术发展开创了新局面。

2000年4月29日，84岁的陈芳允在北京去世。2010年6月4日，一颗由中国科学家发现的国际永久编号为10929号的小行星1998CF1，经国际天文学联合会小天体命名委员会批准，由国际天文学联合会《小行星通报》第43191号通知国际社会，正式命名为“陈芳允星”。

（2）杨嘉墀

杨嘉墀（1919—2006），江苏吴江人。1937年至1941年在上海交通大学电机系学习；1941年9月至1942年6月在昆明西南联合大学电机系任助教；1942年7月至1946年12月在昆明前资源委员会电工器材厂任助理工程师；1947年赴美国哈佛大学研究院应用物理系留学，获硕士和博士学位；1948年2月至1956年7月先后担任美国哈佛大学研究院助教、美国麻省光电公司工程师、美国宾夕法尼亚大学生物物理系副研究员和美国洛克菲勒研究所高级工程师。1956年8月杨嘉墀回国，先后任中国科学院自动化研究所研究员、研究室主任、副所长；1968年9月之后，历任七机部五院502所副所长、所长，七机部五院副院长，七机部总工程师，航天部五院科技委副主任。

杨嘉墀在美国工作期间，对仪器、仪表研制有所建树，试制成

1　林云. 编织天网的人——记无线电电子学、空间系统工程专家陈芳允 [J]. 留学生，2003(6):16-20.

2004年6月9日，杨嘉墀在邓小平诞辰百年首尊纪念铜像揭幕式上发言

功生物医学用快速模拟计算机、快速自动记录吸收光谱仪（被命名为“杨氏仪器”）等生物电子仪器，并获美国专利，在美投入生产使用，产生一定影响。1956年8月，杨嘉墀在新中国百废待兴之际，怀着炽热的拳拳报国之心返回祖国，致力于我国自动化技术和航天技术的研究发展，参与了中国科学院自动化研究所的组建。1962年，他参加了由周恩来总理主持的“中国科学技术十二年发展规划”的制定与实施工作，提出了以控制计算机为中心的工业化试点项目，参与制定了兰州炼油厂、兰州化工厂和上海发电厂等单位的自动化方案工作，推动了我国电子计算机在过程控制中的应用。

1960年前后，杨嘉墀指导研制原子弹爆炸试验所需的检测技术及设备等重大科研项目，为我国核试验的成功做出重要贡献。他是中国科学院早期开展航天技术研究的专家之一，1965年参与我国第一颗人造地球卫星研制规划的制定，领导并参加了我国第一颗人造地球卫星姿态控制和测量分系统的研制。1966年参与制订了我国人造卫星十年发展计划，在我国第一代返回式卫星姿态控制方案论证和技术设计中，提出一系列先进可行的设计思想。领导研制的返回式卫星姿态系统及数据分析指标达到了当时国际先进水平。1985年他参与的返回式卫星和“东方红一号”卫星研制项目获国家科技进步特等奖。20世纪80年代，他作为我国科学探测与技术试验“实践”系列卫星的总设计师，领导完成了“一箭三星”的发射任务。1987年参与研制的卫星、导弹通用计算机自动测量和控制系统获国家科技进步二等奖。

2005年1月，他与五位院士向国务院总理提出了“关于促进北斗导航系统应用的建议”，得到了温家宝总理的高度重视。北斗导航系统的建设与他的高瞻远瞩和负责精神是分不开的。

4. 其他空间工程技术专家

（1）空间技术和空间物理专家钱骥

钱骥（1917—1983），江苏金坛人，1943年毕业于中央大学理化系。曾任中央研究院气象研究所助理研究员。新中国成立后，历任中国科学院地球物理研究所副研究员，中国空间技术研究院总体设计部主任、副院长、研究员，中国宇航学会第一届理事。20世纪50年代，他首先把电子技术应用于我国的地震记录测量仪上。后参加到人造卫星的研制和组织工作中，参加研制了我国第一颗人造卫星和回收型卫星。

钱骥是我国空间技术的开拓者之一。领导卫星总体、结构、天线、环境模拟理论研究。负责与组织小型热真空环境模拟试验设备、中小型离心机、振动台设备的研制。负责领导探空火箭头部空间物理探测仪器、跟踪定位和数据处理设备的研制，获得丰富的试验资料。参与制定星际航行发展规划，提出多项有关开展人造卫星研制的新技术预研课题，为我国空间技术早期的发展做了很多开拓性工作。1965年他提出“我国第一颗人造卫星方案设想”的报告。组织编写“我国卫星系列发展规划纲要设想”，组织并提出预研课题，为人造卫星研制打下了初步的技术基础。钱骥还负责组建卫星总体设计机构，是我国第一颗卫星“东方红一号”方案的总体负责人，同时还为回收型卫星的研制做了大量技术和组织领导工作。1964年获国家科技进步二等奖，1985年获国家科技进步特等奖。1999年9月18日，钱骥与其他22位专家一并获得“两弹一星”功勋奖章。

（2）航天遥测技术专家吴德雨

吴德雨（1914—2001），辽宁海城人，1934年9月考入燕京大学应用物理和无线电技术专业。1938年毕业后，先后在河北昌黎汇文中学、北平华北建设总署、唐山开滦矿务局、北平平津铁路局、铁道部电务局、铁道部铁道科学研究院工作。1956年12月调国防部第五研究院工作。1957 年 12 月受命组建国防部五院一分院测试研究室（八室），历任研究室副主任、主任，研究所所长、第一所所长、“东风三号”导弹副总设计师。1989 年任航空航天部一院科技委顾问。

吴德雨是我国航天遥测技术专家，中国航天遥测事业的主要创始人之一。20 世纪 50 年代中期，他受命组建航天遥测研制机构，组织航天遥测专业技术队伍，探索我国航天遥测技术的发展途径和业务方向，开展有线、无线电测试和遥测系统设备的研制。他是我国自行研制的前三代航天遥测系统的领导者和组织者。他还是我国航天传感器和磁记录专业技术的主要创业者和奠基人之一，并为航天计量技术的研究和标准的建立、为航天计算技术的研究和发展做出了突出贡献。

20 世纪 50 年代后期，我国在仿制苏 P-2 导弹（中国代号为“1059”）时，苏方唯独没有提供传感器方面的资料图纸，我国的科研人员要在短期内完成传感器的研制任务，自然面对巨大的考验。在吴德雨的领导和直接参与下，研究团队群策群力，一部分利用飞机用传感器改装，如压力传感器；大部分传感器需自行设计，如转速、流量、温度传感器。要克服研究、设计、改装中的难关，还要解决生产加工、环境试验、校验校准工作中出现的意想不到的问题和困难。有的需要自己动手，土法上马，反复试验，有的需要外出协作。吴德雨知识面广，有扎实的理论基础，又有实践经验，解决了一系列的技术难题。研究团队很快研制出第一批温度、压力、头部分离、转速、过载传感器，装在 1059 导弹上，并在首批导弹试验中，取得圆满成功。这是吴德雨带领年轻的科技人员，经过艰苦努力取得的成果，闯出了自行研制传感器的道路。[1]

在研制中远程导弹时，吴德雨根据其测量要求，开始进行新型传感器和信号调节器的课题攻关。从课题的立项、确定方案、开展研制，到传感器的敏感元件、材料的选择和质量控制，他都亲自过

1 吴德雨. 在我国航天遥测起步的岁月里 [J]. 遥测遥控，1992(1):62-63.

问，关键问题由他审核批准。由于他工作抓得紧、抓得细，按计划完成传感器和信号调节器的研制，完成了各型号的配套任务。吴德雨还亲自参加课题研究，尤其重视方案研究和应用基础研究。在参加角速度传感器的研究中，吴德雨从几个方案中选定最佳方案；在参加脉动压力传感器的研究中，他提出着重研究气体介质在管道传输过程中对压力测量的影响的基础研究课题，总结出管道传输特性等问题，这都给广大科技人员起到了启示作用。

1987 年，吴德雨撰写了《传感器新技术展望》的论文，指出了传感器的发展趋势：从结构型向物性型方面发展；从单一型向复合型方面发展；已有原理的新应用；与计算机技术结合以提高技术指标和智能化水平；新发现的物理现象、新元器件和新工艺的应用等，有很现实的指导意义。此外，吴德雨关于传感器专业与研制机构的设置、试验室的建立、发展规划的制订和发展趋势的论述，对传感器事业的发展起着重要的推动作用。

（3）空间返回技术专家林华宝

林华宝（1931—2003），生于上海。1949 年在重庆大学土木系学习，1956 年 7 月毕业于苏联列宁格勒建工学院工业与民用建筑专业，被分配到科学院力学研究所工作。1958 年 11 月在上海机电设计院任研究室副主任。1958 年至 1965 年在七机部八院（后航天部 508 所）任室副主任、副所长、返回式卫星回收分系统主任设计师。早期从事探空火箭结构研制，1970 年起从事返回式卫星回收系统的研制。返回式卫星的成功回收使中国成为世界上第三个掌握卫星回收技术的国家。

林华宝是中国空间技术研究院研究员，返回式系列卫星首席专家，中国返回式卫星的主要开拓者之一。他从 20 世纪 50 年代开始探空火箭的研究，60 年代开始从事卫星回收系统的研究，参加了中国全部返回式卫星的研制和飞行试验。自 1958 年以来，他一直工作在我国空间技术研发的第一线，是我国卫星回收技术领域和返回式卫星的技术带头人之一，为重大卫星技术的解决和返回式卫星的研制发射成功做出了突出贡献。

1963年，林华宝作为中国第一个高空生物试验火箭箭头的负责人，组织工程技术人员开展研制工作，在一年多的时间内完成了火箭箭头的设计、制造和环境试验。高空生物试验火箭是在探空火箭技术的基础上，装上新的试验载荷——大白鼠生物舱，在飞行过程中进行动物高空生理反应试验，通过数据获取系统和摄像系统，记录试验过程。在研制中，林华宝克服一道道难关，进行了大量的试验，解决了生物舱的密封和在振动条件下大白鼠心电图遥测信号紊乱等技术问题。1964年7月，中国第一枚高空生物试验火箭发射成功。火箭飞行高度70多千米，按预定轨道飞行后安全返回地面。

1965年开始，林华宝作为结构分系统技术负责人投入返回式卫星专项火箭技术研究中。1969年，科研团队成功完成了Y6技术试验火箭的发射。1983年，林华宝担任北京空间机电研究所副所长、中国空间技术研究院科技委常委、摄影定位卫星和新型返回式卫星总设计师。

1988年后，林华宝开始主持新型返回式卫星的研制工作。1988年起任航天部（现航天科技集团公司）五院科技委常委，返回式卫星总设计师，航天科技集团公司科技委顾问，返回式卫星系列首席专家。返回式卫星和“东方红一号”卫星1985年获国家科技进步特等奖，林华宝为第六完成人。返回式摄影定位卫星1990年获国家科技进步特等奖，林华宝为第一完成人。1997年，他当选为中国工程院院士。

二、新时期的能源工程师

1. 西气东输工程

改革开放以来，我国能源工业发展迅速，但能源结构并不合理，煤炭在一次能源生产和消费中的比重均高达72%。大量燃煤使大气环境不断恶化。发展清洁能源、调整能源结构已迫在眉睫。

中国西部地区的塔里木、柴达木、四川盆地和陕甘宁地区蕴藏着26万亿立方米的天然气资源，约占全国陆上天然气资源的87%。特别是新疆塔里木盆地，天然气资源量有8万多亿立方米，占全国天然气资源总量的22%。塔里木北部库车地区的天然气资源量有2万多亿立方米，是塔里木盆地中天然气资源最富集的地区，具有形成世界级大气区的开发潜力。

自20世纪90年代开始，石油勘探工作者在塔里木盆地西部的新月型天然气聚集带上，相继探明了克拉2、和田河、牙哈、羊塔克、英买7、玉东2、吉拉克、吐孜洛克、雅克拉、塔中6、柯克亚等21个大中小气田，发现依南2、大北1、迪那1等含油气构造。截至2005年底，探明天然气地质储量6 800.45亿立方米，可采储量4 729.79亿立方米。塔里木盆地天然气的发现，使中国成为继俄罗斯、卡塔尔、沙特阿拉伯等国之后的天然气大国。

1998年，西气东输工程开始酝酿。2000年2月14日，朱镕基总理主持召开办公会，听取国家计委和中国石油天然气股份有限公司关于西气东输工程资源、市场及技术、经济可行性等论证汇报。会议明确，启动西气东输工程是把新疆天然气资源变成造福广大各族人民，提升当地经济优势的大好事，也是促进沿线10省市区产业结构和能源结构调整、经济效益提高的重要举措。因为西气东输气田勘探开发投资的全部、管道投资的67%都在中西部地区，工程的实施将有力地促进新疆等西部地区的经济发展，也有利于促进沿线10个省市区的产业结构、能源结构调整和经济效益提高。西气东输能够拉动机械、电力、化工、冶金、建材等相关行业的发展，对于扩大内需、增加就业具有积极的现实意义。

2000年3月25日，国家计委在北京召开西气东输工程工作会议。会议宣布，经国务院批准成立西气东输工程建设领导小组。2000年8月23日，国务院召开第76次总理办公会，批准西气东输工程项目立项。这一工程是仅次于长江三峡工程的又一重大投资项目，是拉开“西部大开发”序幕的标志性建设工程。

“西气东输”工程规划的天然气管道工程建设，除了建成的陕京天然气管线外，还要再建设3条天然气管线，即塔里木—上海、青海涩北—西宁—甘肃兰州、重庆忠县—湖北武汉的天然气管道，从而把资源优势变成经济优势，满足西部、中部、东部地区群众生活对天然气的迫切需要。从更大的范围看，正在规划中的引进俄罗斯西西伯利亚的天然气管道将与西气东输大动脉相连接，还有引进俄罗斯东西伯利亚地区的天然气管道也正在规划，这两条管道也属“西气东输”工程之列。

管道建设采取干支结合、配套建设方式进行，管道输气规模设计为每年120亿立方米。项目第一期投资预测为1 200亿元，上游气田开发、主干管道铺设和城市管网总投资超过3 000亿元。工程在2000年至2001年内先后动工，于2007年全部建成，是中国距离最长、管径最大、投资最多、输气量最大、施工条件最复杂的天然气管道。

截至2014年，西气东输有五条线路陆续“浮出水面”。西气东输一线和二线工程，累计投资超过2 900亿元，不仅是过去十年中投资最大的能源工程，也是投资最大的基础建设工程；一、二线工程干支线加上境外管线，长度达到15 000多千米，不仅是国内也是全世界距离最长的管道工程。

2002年7月4日，西气东输工程试验段正式开工建设。2003年10月1日，靖边至上海段试运投产成功，2004年1月1日正式向上海供气，2004年10月1日全线建成投产，2004年12月30日实现全线商业运营。西气东输管道工程起于新疆轮南，途经新疆、甘肃、宁夏、陕西、山西、河南、安徽、江苏、上海和浙江等10省（区、市）的66个县，全长约4 000千米。穿越戈壁、荒漠、高原、山区、平原和水网等各种地形地貌和多种气候环境，还要抵御高寒缺氧，施工难度世界少有。

一线工程开工于2002年，竣工于2004年。一线工程沿途经过主要省级行政区：新疆—甘肃—宁夏—陕西—山西—河南—安徽—江苏—上海；一线工程穿过的主要地形区有：塔里木盆地—吐鲁番盆地—河西走廊—宁夏平原—黄土高原—华北平原—长江中下游平原。

二线工程开工于2009年，2012年年底修到香港，实现全线竣工。截至2011年5月28日，这条线与国内其他天然气管道相连的投产段已惠及我国18个省区市，约上亿人受益。西气东输二线干线的建成投产，不仅有效缓解了珠三角、长三角和中南地区天然气供需矛盾，还实现了与西气东输一线等多条已建管道的联网，进而形成我国主干天然气管道网络，构成了近40 000千米的“气化中国”的能源大动脉。二线工程沿途经过主要省级行政区：新疆—甘肃—宁夏—陕西—河南—湖北—江西—广东；二线工程穿过的主要地形区有：准噶尔盆地—河西走廊—宁夏平原—黄土高原—华北平原—江汉平原—鄱阳湖平原—江南丘陵—华南丘陵—珠江三角洲。

西气东输三线，其管道途经新疆、甘肃、宁夏、陕西、河南、湖北、湖南、广东共8个省区。按照规划，2014年西三线全线贯穿通气。与西一线、西二线、陕京一二线、川气东送线等主干管网联网，一个横贯东西、纵贯南北的天然气基础管网基本形成。

西气东输四线，气源主要是以塔里木盆地为主。西气东输五线工程是将新疆伊犁地区的煤制天然气输送出去，线路起始于伊宁首站。目前这两条线的具体路线仍在酝酿中。[1]

1 史兴全，陈永武. 绿色能源，世纪工程——西气东输工程[J]. 第四纪研究，2003，23(2):125-133.

2. 输配电工程与中国电网工程师

1875年，世界上第一台火力发电机组诞生，它建在法国巴黎的火车站旁，用于照明供电。与此相配套，世界也就有了第一个电网，无论是火电厂还是水电厂，或核电厂发出的电，都要通过电网的输送和配置才能到达用户端。就在世界上第一台发电机组诞生的7年后，1882年，英国人利德尔等筹资创办了上海电光公司，厂址设在当时上海租界的南京路江西路口。该公司建成中国第一个12千瓦发电厂，当时主要是专向外滩一带的电弧路灯供电，老上海人把发电厂称为电灯公司。中国电力工业由此发端，中国也有了自己的供电网。但由于种种原因，这之后中国电力工业与国外的差距被拉开。1949年以前，中国电力工业发展缓慢，至1949年，全国的总装机容量仅为185万千瓦，发电量为43亿千瓦时。这是新中国电力工业的出发点。而2014年，全国全口径发电设备容量136 019万千瓦，全社会用电量55 233亿千瓦时。

1952年，中国自主建设了110千瓦输电线路，逐渐形成京津唐110千瓦输电网。1953年，在老工业基地东北，由我国东北电力设计院自主设计、吉林省送变电工程公司施工的第一条220千伏高压输电线路工程（506工程）破土动工。这条名为松东李线的输电线路，即丰满—虎石台—李石寨输电线路，起自吉林松花江上的丰满水电站，途经50个变电所至抚顺市西南的李石寨变电所，全长369.25千米，于1954年1月27日并网送电。在这之后，逐渐形成了以220千伏输电线路为网架的东北电网。中国电网工程师开始崭露头角，逐渐登上了新中国电力工程的舞台。

（1）毛鹤年

毛鹤年（1911—1988），生于北京，1933年毕业于北平大学工学院电机系，留校任助教。1936年获美国普渡大学工程硕士学位。1936年至1938年在德国西门子公司电机制造厂及克虏伯钢铁厂爱森电厂任见习工程师。1939年回国后任昆明电工器材厂工程师、重庆大学电机系教授、冀北电力公司技术室主任、鞍山钢铁公司协理兼动力所长。

1948年后，毛鹤年历任东北电业管理局总工程师，燃料工业部设计管理局总工程师、电力建设总局、电力建设研究所、水利电力部规划设计院总工程师，电力工业部副部长，中国电机工程学会理事长、国际大电网会议中国国家委员会主席、华能国际电力开发公司董事长等职。他长期担任国家电力工业技术领导工作，曾组织建立大区电力设计、系统设计和发展规划以及电力建设研究；组织制定了电力建设、设计技术规程和管理制度；主持并组织审核电力系统规划、设计以及一些大中型火电厂建设的前期工程和设计工作；参加主持了中国第一条220千伏高压输电线路（506工程）、330千伏、500千伏超高压输电线路工程的设计和建设工作，对发展中国电力建设事业做出了贡献。曾获美国电气和电子工程师学会100周年荣誉奖章。

（2）蔡昌年

蔡昌年（1905—1991），生于浙江德清。1924年毕业于浙江省公立专门学校（浙江大学前身），获学士学位。蔡昌年毕业后曾任江苏省江都振扬电气公司主任工程师、建设委员会设计委员、资源委员会岷江电厂总工程师，是创建中国电力系统调度管理体制的主要奠基人之一。1945年赴美国进修，1947年回国后任冀北电力北平分公司工程协理兼石景山电厂厂长。

1950年后，蔡昌年历任东北电管局调度局副局长、局长兼总工程师，技术改进局总工程师，东北电业管理副总工程师。1956年，蔡昌年赴巴黎参加国际大电网会议回国后，积极筹备电力系统的远动和自动化工作。1958年10月，水电部指定电力系统自动化工作在东北电力系统试点，成立了东北电力系统自动化委员会，在他的领导下，经过3年的艰苦努力，研究团队终于研制成功成套的远动和自动化装置，并安装到各主要厂、站。新建的调度大楼内也装设了全套模拟式自动化监视控制系统，结束了单凭电话调度的历史，一跃而成由远动、自动化装置实施监控的方式。

蔡昌年是我国杰出的电力系统专家，长期从事电力系统运行调度和自动化工作，解决了继电保护自动调频等电力系统的难题，是中国大电网调度管理体制的主要奠基人之一，对东北电力系统乃至全国电力系统的安全稳定运行及电力系统自动化，做出了杰出的贡献。

3. 中国超高压输电线路的建设

1972 年，为了配合刘家峡水电站建设，我国建成了第一条 330 千伏的超高压输电线路，即刘家峡—天水—关中输电线路，全长 534 千米，形成西北电网 330 千瓦骨干网架。刘天关（刘家峡—天水—关中）线路是我国第一条 330 千伏超高压输电线路，贯穿陕、甘两省，西自甘肃刘家峡水电厂，经秦安变电站到天水，东至关中八百里秦川西部的宝鸡眉县汤峪变电站。工程筹建于 1969 年 3 月，次年 4 月全线开工，1970 年 12 月竣工，1972 年 6 月 16 日投入运行，设计输送能力 40 万千瓦。

刘家峡—天水—关中超高压输变电工程，是我国自行设计、制造、施工建设的第一项 330 千伏超高压输变电工程。自 1972 年 6 月 16 日正式投入运行以来，为充分利用刘家峡水电，缓和能源及运输紧张的局面，促进西北地区工农业生产和国防建设做出了贡献。这项工程的建设和运行实践，也给中国后来的电力工业发展提供了可贵的经验和值得吸取的教训。

1981 年 12 月 21 日，我国第一条 500 千伏超高压输电线路平武线（河南平顶山—湖北武昌）建成投入运行，中国由此成为世界上第 8 个拥有 500 千伏超高压输电线路的国家。这条线路北起河南平顶山姚孟电厂的 500 千伏升压变电站，经湖北双河变电站，抵武昌凤凰山变电站，全长 595 千米，设计输送容量 100 万千瓦，全线共有铁塔 1 514 基。它是我国当时电压等级最高、线路最长、输电能力最大、技术最新的超高压输变电工程。很多“第一次”始于平武线，很多“突破”始于平武线，很多现在看来已属平常的技术出自平武线。两年后，即 1983 年，葛洲坝至武昌、葛洲坝至双河两条 500 千伏线路建设投产，由此形成了华中电网 500 千伏骨干网架。

2003 年 9 月 19 日，世界海拔最高，在中国电压等级最高的西北 750 千伏官亭至兰州输变电示范工程破土动工。坐落在青海省民和回族土族自治县官亭镇的 750 千伏官亭变电站，是中国大陆开工兴建的第一座 750 千伏超高压等级变电站工程，也是西北 750 千伏示范工程，是我国自己第一次设计、第一次建设、第一次设备制造、第一次运行管理的具有世界先进水平的输变电工程。它的建设，满足了公伯峡水电站的送出要求，有利于黄河上游拉西瓦等大型水电站的电力送出，对于增强电网送电能力、节约线路走廊、简化网架结构等，都具有极其重要的意义。2005 年 9 月，该超高压输变电工程（141 千米）竣工投运，输变电设备全部实现了国产。

750 千伏输变电示范工程，是我国目前最高电压等级的输变电工程，填补了我国 500 千伏以上电压等级的空白。世界上其他国家 750 千伏工程海拔一般都在 1 500 米以下，而我国 750 千伏工程海拔在 1 735 米至 2 873 米之间。整个工程处于高海拔，时有沙尘暴、强紫外线、昼夜温差大的环境下，加上湿陷性黄土等不利地质条件，建设难度大。750 千伏输变电工程关键技术研究被分为 29 个子项目，这些子项目全部为我国独立自主完成，关键技术全部拥有自主知识产权，进行研制的工程师们为工程设计、设备制造、建设、运行等提供了技术保证。[1]

这一示范工程之后，750 千伏超高压输电线路开始在国内大规模地建设。我国第一次制定 750 千伏工程设计、设备制造、施工及验收等技术规范、规定和标准近 20 项，全部列入国家电网公司企业标准。我国第一次进行 750 千伏电压等级系统过电压、高海拔设备外绝缘及电晕特性等试验。在工程系统调试中，达到了技术设备参数的计算与现场试验结果完全一致，说明我国已掌握了 750 千伏

1 鹿飞.“750”：自主创新的结晶——国家电网公司 750 千伏输变电示范工程科研与建设回眸 [J]. 国家电网，2006(2):58-59.

电压等级的关键技术。我国第一次自己研制生产的750千伏变压器、电抗器、控制保护系统、铁塔、导线、金具等，标志着我国电工制造业跻身世界先进水平行列。

为把葛洲坝水电站电力送往上海，1985年10月25日，我国第一条±500千伏超高压直流线路开始动工兴建，该线西起湖北宜昌宋家坝换流站，东至上海南桥换流站，线路总长1 052千米。建成后的上海南桥变电站，集葛上线±500千伏直流（容量120万千瓦）、淮沪线和徐沪线500千伏交流（容量150万千瓦）三大工程于一身，其建设规模之大，电气设备之先进，时为亚洲第一。

1990年，葛上线建成投入运行，实现了华中电力系统与华东电网互联，形成了中国第一个跨大区的联合电力系统，开创了西电东送的新格局，并使我国的超高压输电技术跻身于世界先进行列。

除了交直流输配电网工程，中国的电力工程师还在新技术研究和应用方面取得了大量成果，如灵活交流输电技术；在电网调度自动化领域也已进入国际先进行列，全国5级电网调度机构都已配置了不同水平的SCADA系统和EMS系统；具有中国自主知识产权的CC-2000支撑平台和具有状态估计、安全分析等先进功能的EMS应用软件系统已经投入商业化应用。电力系统分析达到了世界先进水平，开发了电力系统稳定在线分析技术以及电力系统综合计算程序。系统仿真技术进入世界先进行列，研制成功了火电和核电厂培训仿真装置及调度员培训系统。

4. 中国核电工业的起步与发展

自1954年苏联建成第一座核电站以来，世界核电事业迅速发展。1964年10月16日，我国第一颗原子弹爆炸成功，中国人终于迈进了掌握核能秘密的时代。中国酝酿发展核电始于1955年。当时国家制定的《1956—1967年原子能事业发展规划大纲（草案）》就提出："在我国今后12年内需要以综合开发河流，利用水力发电和火力发电为主，但在有利条件下也应利用原子能发电，组成综合动力系统。”

1958 年，国家计委、经委、水电、机械等部门组成原子能工程领导小组，并在华北电业管理局设立了筹建机构，拟建一座苏式石墨水冷堆核电站，代号“581 工程”。遗憾的是，该工程因争取苏联援助未果而停止。与此同时，二机部曾考虑在上海建一座 10 万千瓦的核电站，也因为核武器研制任务紧迫，未能实现。上海有关部门于 1958 年、1960 年、1964 年三次组织专业人员，计划进行反应堆研究设计，都因缺乏必要的条件，工作未获实质性进展。1964 年 12 月，上海市科委成立了代号为“122”的反应堆规划小组。1966 年 5 月聂荣臻副总理等到上海检查工作，建议上海研制战备发电用的动力堆,但也因为“文化大革命”的干扰而没有搞成。1970 年 2 月，周恩来总理在听取上海市领导汇报由于缺电导致工厂减产的情况时，明确指出 :“从长远来看，华东地区缺煤少油，要解决华东地区用电问题，需要搞核电。”

此后，上海市以传达周总理指示的日期——1970 年 2 月 8 日作为核电工程代号,以“728 工程”代替了“122 工程”。“728 工程”进展迅速，二机部派出 8 人专家组，到上海帮助做工程的总体设计。随后，经国务院批准又将二机部上海原子核所划归上海市领导，确定该所以“728 工程”研究试验与设计为中心任务。

1974 年 3 月，周总理主持专门会议，第三次听取“728 工程”的情况汇报，批准了 30 万千瓦压水堆的建设方案。指出 ：建设我国第一座核电站，主要是掌握技术，培养队伍，积累经验，为今后核电发展打基础。4 月，国家计委根据中央专委会议决定，将“728 工程”作为科技开发项目正式列入国家计划。1978 年 2 月，“728 工程”设计队划归二机部建制。1979 年 10 月,二机部党组决定“728 工程”设计队单独建院，成立“七二八工程研究设计院”（后改名为上海核工程研究设计院），从此整个“728 工程”研究设计和建设在二机部（1982 年 4 月改名为核工业部）领导下进行。

至 1970 年 10 月，经过全体攻关人员的共同奋战，我国第一个原子能大型设备熔盐堆临界反应装置模型在上海初步建成，并取得

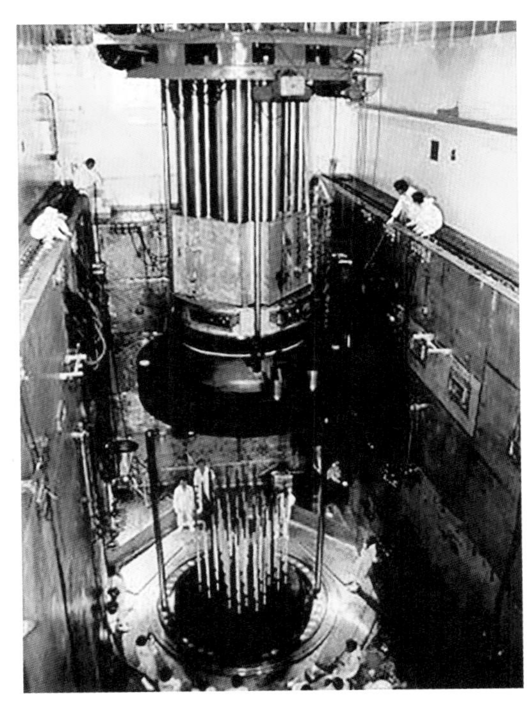

1985年的秦山核电站内部

了一批与临界质量等相关的基本物理参数，向核电站的建设迈出了第一步。正是在这个基础上，在中国第一批核电站的设计团队的传承下，国内第一座核电站——秦山核电站由我国工程师自主设计完成。

1981年10月31日，国务院批准国家计委等五委一部《关于请示批准建设30万千瓦核电站的报告》，1982年6月13日，浙江省人民政府、核工业部正式上报《关于请示批准30万千瓦核电站厂址定在浙江省海盐县秦山的报告》。同年11月，国家经委批复同意核电厂址定在浙江海盐县秦山。1982年12月30日，在第五届全国人大第五次会议上，中国政府向全世界郑重宣布了建设秦山核电站的决定。1983年6月1日，秦山核电站破土动工了，这标志着我国“和平利用核能”的愿景开始变为现实。

秦山核电站建设并不顺利，就在开工两个月后，即1986年4月26日，苏联切尔诺贝利核电站发生核外泄事故，国际上产生了对核电的恐惧和担忧，人们对建设中的秦山核电站的安全性也产生了质疑。为保证安全，我国政府分别于1989年和1991年两次邀请了国际原子能机构的专家来到秦山核电站进行评审。专家最后的结论是：没有发现安全上的问题，预期秦山核电站将是一座高质量的、安全的、可靠的核电站。

秦山核电站一期工程额定发电功率30万千瓦，设计寿命30年，总投资12亿元，采用国际上成熟的压水型反应堆。秦山核电站于1985年3月浇灌第一罐混凝土，1990年11月开始进入全面调试阶段，并取得了六个一次成功的佳绩：一回路水压试验一次成功，非核蒸汽冲转汽轮机一次成功，安全壳强度和密封性试验一次成功，首次核燃料装料一次成功，首次临次界试验一次成功，首次并网发电试验一次成功。1991年12月15日0时15分，我国第一座自主研究设计、自主建造调试、自主运行管理的核电站，开始向电网输入电流，并于1994年4月投入商业运行，1995年7月顺利通过国家验收，从而结束了中国大陆无核电的历史。1989年2月，时任国务院副总理邹家华为秦山核电站题词："国之光荣"；1995年7月，时任国务院副总理吴邦国题词："中国核电从这里起步"。这对于所有参与秦山核电站的建设者来说是最高的荣誉和最大的鼓舞。

2008年12月26日，秦山核电站一期扩建项目（方家山核电工程）启动，这是中核集团在秦山地区规划建设的国产化百万千瓦级核电工程项目。方家山核电工程是我国自主设计、自主建造、自主管理、自主运营的国产化百万千瓦级压水堆核电工程项目，装机容量为2×108万千瓦，是目前我国百万千瓦级核电机组自主化、国产化程度最高的核电站之一，设备综合国产化率将达到80%。

秦山核电站全面建成后，国际原子能机构选派美国、法国、日本的10位专家来秦山进行安全审评，对建造质量和安全性能再次作了肯定的评价。在秦山核电站的建设过程中，取得了多项重大科研成果，其中获得国家级、省部级科技成果奖142项。秦山核电站并网发电以来，运行安全可靠，经测定，废水排入环境的放射性总量不到国家规定限值的千分之一，排放的惰性气体总量仅为国家规定限值的十万分之一。

秦山核电站的建成标志着中国核工业的发展上了一个新台阶，成为中国军转民、和平利用核能的典范，中国也成为继美国、英国、法国、俄罗斯、加拿大、瑞典之后世界上第7个能够自行设计、建造核电站的国家。中国首座核电站的成功建设也是植根于全体参建者的智慧和艰苦创业的民族力量，这其中包括中国核工业工程师的智慧和力量。

秦山一期30万千瓦核电站建成后，中国核电面临着规模化、系列化、商用化发展的问题，于是秦山二期核电站被提到议事日程上来。由于20世纪80年代末西方国家对我国进行制裁，迫使我们由引进技术、联合设计改为自主设计，自力更生推进核电的发展。中国核电在1980年代的第一轮发展中确立了以"引进+国产化”为主的路线，但同时也存在着以秦山一期核电站为标志的自主开发。

秦山二期核电站位于海盐县秦山镇杨柳山，与秦山一期、三期核电站毗邻，1992年7月，国务院批准可行研究报告，1995年12月国家计划委员批准建设，至2004年5月，一期工程2台65万千瓦压水堆核电机组先后并网发电，是中国第一座自主设计、自主建造、自主管理、自主运营的大型商用核电站。

秦山二期核电站扩建工程2006年4月28日开工建设，该工程是在秦山二期核电站1号、2号机组的基础上进行改进的核电工程，设计建造两台65万千瓦压水堆核电机组。它的全面建成投产，使秦山核电基地运行机组数量达7台，总装机容量达432万千瓦，年发电能力为330亿至340亿千瓦时，成为我国运行机组数量最多的核电基地。2013年4月8日，二期扩建工程4号机组比计划提前60天正式投入商业运行。至此，我国“十一五”期间首个开工的核电工程——秦山核电二期扩建工程（即秦山核电二期3号、4号机组）全面建成投产。

如果说秦山一期30万千瓦级核电工程解决了我国大陆有无核电的问题，那么秦山二期60万千瓦级核电工程实现了我国自主建设大型商用核电站的重大跨越。秦山二期核电站工程积累了一整套核电自主建设的经验，具备了批量建设的条件和能力，为我国核电建设的标准化、系列化奠定了基础，为自主设计建造百万千瓦级核电站创造了条件，成为我国核电自主化建设的一个重要里程碑。

1990年代，中国经历了以纯粹购买电容为目的（不包含技术转让内容）的第二轮引进，相继引进了加拿大的重水堆核电技术（秦山三期）、俄罗斯的压水堆核电设备（田湾核电站）和法国核电设备与技术（岭澳—大亚湾后续项目），但同时也开工建设了自主设计的秦山二期核电站。虽然与引进并存的自主发展走了20年，但随着进入21世纪之后的新一轮核电发展计划，即第三轮的“引进路线”，自主开发的步伐也就受到影响并减慢了。

广东大亚湾核电站从1987年开工建设，于1994年5月6日

俯瞰大亚湾核电站

正式投入商业运行，此后，在大亚湾核电站之侧又建设了岭澳核电站，两者共同组成一个大型核电基地。大亚湾核电站是中国大陆第一座大型商用核电站，也是大陆首座使用国外技术和资金建设的核电站。拥有两台单机容量为98万千瓦压水堆反应堆机组。大亚湾核电站按照“高起点起步，引进、消化、吸收、创新”“借贷建设、售电还钱、合资经营”的方针开工兴建。后来获得了在美国出版的国际电力杂志评选的“1994年电厂大奖”，成为全世界5个获奖电站之一，也是中国唯一获得这一荣誉的核电站。

此外，中国还有多项在建和规划中的核电站。2013年4月18日，宁德核电站一期1号机组正式投入商运，标志着我国海峡西岸经济区首台核电机组正式建成投产。2014年5月4日，其2号机组也投入商业运行。

三、新时期的信息化建设工程师

1. 中国信息化工程的开拓者

1946年2月14日，世界上第一台电子管计算机ENIAC（电子数字积分器与计算器）在美国宾夕法尼亚大学诞生。这部机器体积庞大，当时的主要目的是用来为军方计算炮弹弹道。

1953年初，在我国数学家华罗庚的领导下，中国科学院数学研究所成立了我国第一个计算机科研小组。他们在极其艰难的条件下开始了计算机的研究。当时国内连一本讲述电子计算机原理的书籍都没有，他们只能从英文期刊入手，由于没有复印机，他们就一个字一个字地抄录材料。同时他们白手起家，建立了自己的实验室。经过半年的调研和初步实验，科研小组提出了研制中国第一台通用电子计算机的设想和技术路线。

1956年，周恩来总理亲自提议、主持制定我国《十二年科学技术发展规划》，选定了计算机、电子学、半导体、自动化作为规划的四项紧急发展领域，并批准中国科学院成立计算技术、半导体、电子学及自动化等四个研究所。1956年我国第一个计算机技术研究所——中国科学院计算技术研究所诞生。同时，北京大学、清华大学也相应成立了计算数学专业和计算机专业。

1958年，在苏联专家的帮助下，由七机部研发的中国第一台数字电子计算机“103机”（定点32二进制位，每秒2 500次）在中国科学院计算技术研究所诞生并交付使用。一年后，由张效祥教授领导研制的中国第一台大型数字电子计算机“104机”（浮点40二进制位、每秒1万次）也交付使用。1961年，中国第一个自行设计的编译系统在“104机”上试验成功。

1958年，北京大学师生与中国人民解放军空军合作，自行设计研制了数字电子计算机“北京一号”，并交付空军使用。当时朱德总司令还亲自到北京大学的机房参观了该机器。随后，北大自行设计的“红旗”计算机于1962年试算成功，当时设定的目标比苏联专家帮助研制的“104机”还高，但是由于搬迁和“文革”的干扰，搬迁后“红旗”机一直没有能够恢复运行。

与此同时，1958年，哈尔滨军事工程学院（国防科技大学前身）海军系与中国人民解放军海军合作，自行设计了“901”计算机，并交付海军使用。同时，哈尔滨军事工程学院和中国人民解放军空军合作，设计研制的“东风113”空军机载计算机也交付空军使用。

1964年，中科院计算技术研究所自行设计的“119机”（通用浮点44二进制位、每秒5万次）也交付使用，这是中国第一台自行设计的电子管大型通用计算机，也是当时世界上最快的电子管计算机。当时美国等发达国家已经转入晶体管计算机领域，“119机”虽不能说明中国具有极高水平，但是它表明，中国有能力实现“外国有的，中国要有；外国没有的，中国也要有”这个伟大目标。

2. 中国“计算机之母”——夏培肃

夏培肃

在中国第一代电子计算机的研制中，有很多专家做出突出贡献，其中就包括著名专家夏培肃，她后来被称为中国“计算机之母”。夏培肃（1923—2014），出生于重庆市，上了4年半小学后，因病辍学。1937年夏培肃以同等学历考入重庆南开中学，1940年考入中央大学电机系，1945年毕业后至1947年为交通大学电信研究所研究生。1947年赴英国爱丁堡大学电机系学习，1950年获博士学位后留校做博士后。1951年，夏培肃回国，任清华大学电机系电讯网络研究室助理研究员、副研究员。1953年至1956年先后任中国科学院数学研究所和近代物理研究所副研究员。其后任中国科学院计算技术研究所研究员。

夏培肃是华罗庚领导的早期计算机三人小组成员之一。1954

年，计算机小组从华罗庚任所长的数学研究所转到了钱三强领导的近代物理研究所，最早的研究小组中，只有夏培肃一人坚持致力于计算机的研制工作，这一坚持就是半个多世纪。

1956年，根据规划，我国向苏联购买计算机图纸和资料来仿制计算机。这样一来，夏培肃所做的自主计算机研制工作不得不暂停。直到1958年，夏培肃才开始继续原来的工作。她对原来的设计方案进行了修改，最大的改动就是将示波管存储器改为当时先进的磁芯存储器。该机被命名为“107”计算机。夏培肃完成了该机的总体功能设计、逻辑设计、工程设计、部分电路设计以及调试方案设计，并参与电路测试和部件、整机调试。1960年，我国第一台自行设计的通用电子数字计算机——“107”计算机设计试制成功。这台占地60平方米的电子管数字计算机，磁芯存储器的容量为1 024字，可以连续工作20个小时。之后，“107”计算机安装在位于合肥的中国科学技术大学，这是我国高校中第一台计算机。除了为教学服务外，“107”计算机还接受外单位的计算任务，包括潮汐预报计算、原子核反应堆射线能量分布计算等。尽管“107”计算机比“103机”（1958年交付使用）、“104机”（1959年交付使用）速度低了10倍到40倍，但是对培养人才起了重要作用。在“107”计算机试制成功并投入使用后，电子管计算机的弱点已明显地显示出来。当时，晶体管计算机还不是很成熟。为了提高计算机的运算速度，夏培肃探索在计算机中使用微波技术和隧道二极管。她利用非线性理论，深入而详尽地分析了隧道二极管的特性，并负责研制出3种隧道二极管计算机的实验性部件。

当时，国内设立的高等科学技术中心有一项研制高性能并行计算机的任务，夏培肃带领刚从国外留学回来的三名博士组成了力量雄厚的科研小组，参与开发研制。这个项目的研究工作，对后来“曙光”“龙芯”的研究开发产生了重要影响。

20世纪70年代末期，夏培肃主持研制高速阵列处理机150-AP。该机已于20世纪80年代初期成功地用于我国石油勘探中的地震资料处理。后来，该机安装在大庆油田，使工作效率提高10倍以上。从 20 世纪 80 年代到 90 年代，夏培肃先后负责研制 GF-10 功能分布式阵列处理机系列和 BJ 并行计算机系列，共计完成 5 个计算机系统。20 世纪 90 年代中期，她担任国家攀登计划“高性能计算机中的若干关键问题的基础性研究”的首席科学家。

对于我国的计算机，夏培肃一直主张自己生产计算机的核心器件——微处理器芯片。早在 80 年代，她就设计试制成功高速算术逻辑部件芯片，90 年代，她又设计试制成功两种高速运算器部件芯片。她呼吁中国应该设计试制微处理器芯片，半导体科技人员应该和计算机设计人员相结合。从 20 世纪 90 年代开始，她多次建议我国应开展高性能处理器芯片的设计，并大力支持通用 CPU 芯片及其产业的发展，否则，我国在高性能计算技术领域将永远受制于人。

3. 中国著名计算机专家——慈云桂

慈云桂

1964 年，中国制成了第一台全晶体管电子计算机“441-B”型计算机。中国的计算机也进入到第二代。1965 年中科院计算所研制成功了我国第一台大型晶体管计算机——“109”乙机。此后，对“109”乙机加以改进，两年后又推出“109”丙机。该机在我国两弹试制中发挥了重要作用，被用户誉为“功勋机”。华北计算所先后研制成功“108”机、“108”乙机（DJS-6）、“121”机（DJS-21）和“320”机（DJS-8）。

从事中国第二代电子计算机发展的科学家和工程师开始崭露头角，著名专家慈云桂就是其中之一。慈云桂（1917—1990），著名电子计算机专家，中国科学院院士，安徽省桐城县（今枞阳县麒麟镇）人。1943 年，慈云桂毕业于湖南大学机电系，同年 8 月被保送到当时依托于昆明西南联大的清华大学无线电研究所，潜心于微波理论与雷达技术的研究。

1946年1月至7月，他被选派赴英国考察雷达技术，8月，分配到已迁回北平的清华大学物理系，从事无线电实验室的创建。

1957年夏，中国科学院组织了一批科学家专攻数字电子计算机项目，正在苏联和东欧访问的慈云桂也包括在内。回国后，他接受了研制鱼雷快艇指挥仪的任务。1957年7月，美国无线电工程师学会会刊上有一篇关于数字电子计算机的综述性文章，慈云桂读后很受启发，于是和同事一起研究，提出把数字计算机用于指挥仪的方案，并迅速组成了一个计算机研制小组。1958年5月，他带领一个8人小组进驻北京中关村的中科院计算所，经过日夜奋战，模型试验告捷。同年的9月8日，代号为“901”的样机在哈尔滨军事工程学院诞生，这是我国第一台电子管专用数字计算机。

“901”样机作为向国庆十周年的献礼在北京展出期间，周恩来总理和朱德、陈毅元帅等给予了高度的评价。周总理说：“要发展我们自己的计算机啊！我们起步晚，但也要赶超。”总理的嘱托成了慈云桂拼搏的动力。从此，慈云桂的名字与我国计算机事业的发展就紧紧地连在了一起。

1961年9月，慈云桂随中国计算机代表团出访英国。他敏锐地预感到国际上计算机发展的主流方向将是全晶体管化。然而在国内，由他主持的一台电子管通用计算机还在研制，并且签订了生产和销售协议。慈云桂马上给有关部门写信，建议停止电子管计算机的研制，同时争分夺秒，白天参观访问，留意先进机型，晚上通宵达旦地进行晶体管计算机的设计。终于，在回国之前，他完成了晶体管计算机体系结构和基本逻辑电路的方案设计。回国后，慈云桂向国防科委领导作了汇报，并迅速得到了积极支持，聂荣臻元帅指示：尽快用国产晶体管研制出通用计算机。

慈云桂回到哈尔滨军事工程学院，宣布电子管计算机研制停止、立即开始晶体管计算机研制的决定。当时人们普遍感到震惊，下马意味着否定自己用心血换来的成果，还意味着中止已经签订的协议，而上马又谈何容易。早在1959年国内就有单位开始用国产晶体管研制计算机，到1961年计算机真的安装起来了，但很不稳定，几分钟就出一次毛病，不是管子被烧坏，就是电路出故障。不少专家断言：5 年之内用国产晶体管做不出通用计算机。可见当时面临的风险是相当大的。

面对巨大的舆论压力，慈云桂坚定不移，把全部精力都用在组织队伍与攻克技术难关上。他积极鼓励创新，与助手们经过反复实验，发明了高可靠、高稳定的隔离阻塞式推拉触发器技术，有效地解决了电路上的问题。接着，慈云桂带领大家制定出一整套对国产晶体管进行科学测试的方法和标准。他狠抓质量，对每一只晶体管都进行认真的测试和严格的筛选，制成插件和部件后还要层层把关测试。[1]

1964 年末，他们终于用国产半导体元器件研制成功我国第一台晶体管通用电子计算机——“441B－Ⅰ”型计算机。1965 年 2 月该机通过国家鉴定，连续运行 268 小时未发生任何故障，稳定性达到当时的国际先进水平。1965 年末他们又研制成功“441B－Ⅱ”型计算机。“441B”系列机在天津电子仪器厂共生产了 100 余台，及时装备到重点院校和科研院所，平均使用 10 年以上，是我国 20 世纪 60 年代中期至 70 年代中期的主流系列机型之一。

1965 年，“441B”机改进为计算速度每秒两万次。与此同时，中科院计算技术研究所自行设计的晶体管计算机“109”乙机（浮点 32 二进制位、每秒 6 万次），也在 1965 年交付使用。为了发展“两弹一星”工程，1967 年，由中科院计算机所设计专为“两弹一星”服务的计算机“109”丙机，后来被使用了 15 年之久，被誉为“功勋计算机”。1970 年初，“441B－Ⅲ”型计算机问世，这是中国第一台具有分时操作系统和汇编语言、FORTRAN 语言及标准程序库的计算机。

1964 年 4 月，世界上最早的集成电路通用计算机 IBM360 问世，计算机开始进入第三代。虽然我国自行设计研制了多种型号的计算机，但运算速度一直未能突破百万次大关。早在 1965 年，“441B-I”型计算机鉴定会刚刚结束，慈云桂便提出研制中国的集成电路计算

1　刘瑞挺，王志英. 中国巨型机之父——慈云桂院士 [J]. 计算机教育，2005(3):4-9.

机。1969 年 11 月 4 日，国家组织召开“远望”号科学测量船中心处理机的方案论证会。当时仍戴着“重点审查对象”帽子的慈云桂，在国防科委指名下才由专案组“护送”到北京开会。会前，专案组成员一再警告他：只准听，不准表态！论证会上争论激烈，中心问题是上晶体管还是上集成电路，是每秒 50 万次还是 100 万次。

不少人主张仍用晶体管，认为在目前条件下能搞 50 万次就很不错了。此时，按捺不住的慈云桂不顾专案组给他设置的禁令，详尽地陈述了在“牛棚”里就精心思考的集成电路化、百万次级、双机系统的计算机设计方案。他的旁征博引和翔实论据，又一次折服了与会同行。方案最终获得了上级领导部门的批准，他也接受了试制百万次集成电路计算机的艰巨任务。1970 年春节刚过，他就带领科研人员先后到全国几十家工厂和科研所进行调研，又躲到上海市郊的一个小镇上进行分析和设计，仅三个多月就完成了样机的设计草图。

1970 年 4 月，百万次级集成电路计算机研制任务正式下达。慈云桂到处招贤纳士，一支科研队伍很快建立起来。在研制工作正待铺开之时，他所在的哈尔滨军事工程学院主体于 1970 年秋从哈尔滨南迁长沙，改名为长沙工学院。计算机系借用市郊一座破旧的农校，鸭舍成了他们的实验室，搬迁对他们的研制工作造成了很大的影响。在慈云桂的带领下，研究工作没有停止。1973 年秋，在完成了各种模型机和全部生产图样之后，慈云桂又带领 40 多名科研人员开赴北京生产厂，他们工作和睡觉都挤在一间木板棚里，夏暑如蒸笼，冬寒似冰窟。他们顶住了各种干扰，坚持进行测试和生产。

就在这一年，北京大学与“738 厂”组成的联合研制团队宣布，研制成功集成电路计算机 150（通用浮点 48 二进制位、每秒 1 百万次）。这是我国拥有的第一台自行设计的百万次集成电路计算机，也是中国第一台配有多道程序和自行设计操作系统的计算机。

1977 年夏，慈云桂领导的团队终于传来捷报，百万次级集成电路计算机“151-3”终于研制成功。1978 年 10 月，二百万次集成电路大型通用计算机系统“151-4”在连续稳定运行 169 小时之后，通过了国家的鉴定和验收，顺利安装于远望一号远洋科学测量船。在20世纪80年代我国首次向南太平洋发射运载火箭、首次潜艇水下发射导弹以及第一颗试验型广播通信卫星的发射和定位中，“151”计算机出色地完成了计算测量任务，为我国航天战线三大重点试验的圆满成功做出了重大贡献。“151-3”和“151-4”计算机获国防科委科技成果一等奖，并与“远望”号测量船一起荣获国家科技进步特等奖，研制人员荣立集体一等功。

4. 计算机软件工程的开拓者——陈火旺

陈火旺

陈火旺（1936—2008），福建省安溪县人。1956年毕业于复旦大学数学系，同年加入中国共产党，留校任助教。曾在北京大学数理逻辑专业、英国国家物理所进修。1967年初，代表我国计算机最高发展水平的上海华东计算机研究所，在计算机软件领域的研究还处于拓荒阶段，该所负责人一个偶然机会，听说复旦大学从英国归来一位计算机软件专家，因“文革”被冷落一边，正是该所紧缺的人才，马上邀请他共同为中国计算机事业努力。

刚到华东计算所的两年里，陈火旺凭借在复旦和英国物理研究所积累下的扎实经验，主持设计了我国计算机软件领域第一个符号宏汇编器，并成功将其应用于“655”计算机上。陈火旺提出的递归结构式符号宏指令产生技术，相继被中国科学院计算机研究所等单位采用。

1970年陈火旺调到长沙工学院（后改名国防科技大学）工作，1973年，他接受了远望号测量船中心计算机DJ151语言系统的研制重任。1974年，“441B-III”的FORTRAN编译系统顺利完成，这一成功极大地鼓舞了陈火旺，以更饱满的热情和信心投入远望号测量船中心计算机DJ151语言系统的研制工作。

陈火旺瞄准当时所能了解到的国际先进水平，设计了MPL和

FORTRAN 编译器的全部框图，提出了因子分解式全局优化技术，使目标码运行效率大为提高，这一系统成为国内第一个具备全局优化的编译系统。

1978 年对于陈火旺来说，是一个初尝成功甘饴的年份。这一年，远望号测量船中心计算机 DJ151 语言系统 MPL 和 FORTRAN 编译器的框图全部完成，并达到了国际先进水平。他主持完成的“441B-III”的 FORTRAN 编译系统获得全国科学大会奖。

从 1987 年春天起，陈火旺率先在国内开始了“面向对象的集成化软件开发环境”的艰难探索，以保证不落后于国际先进水平为起点，创造性地提出确定以 VAX 机作为基础环境，应用 C 语言实现开发功能的途径。1990 年 3 月，“面向对象的集成化软件开发环境”通过了由国家教委主持的成果鉴定，达到了 20 世纪 80 年代国际同类软件开发环境的先进水平，在国内尚属首创。1990 年 12 月，该成果获国防科技进步一等奖。

同时，陈火旺又率领另一支专家队伍瞄准了国际前沿的另一目标——“非单调推理系统 GKD-NMRS”。该研究是 20 世纪 80 年代国际人工智能领域的主攻方向，被列入国家“863 计划”。陈火旺与王献昌、王兵山、齐治昌、王广芳等 8 位专家针对国内当时非单调推理理论所存在的问题，在 Hom 逻辑基础上，把准缺逻辑推理的内核引入 GKD-NMRS，使表达常识性的经验知识和非单调推理在逻辑程序中成为可能，创立了新一代逻辑程序设计的理论、方法和技术。GKD-NMRS 研究成果公布后，立即在国内外产生了强烈反响，30 多篇理论文章在国内外顶级学术期刊和会议上发表。1991 年 10 月，国际联机检索结果表明，GKD-NMRS 达到当时的国际先进水平，顺利通过了国家“863 计划”计算机专家组的鉴定。1993 年初，该成果获国防科技进步一等奖。

陈火旺于 1997 年当选为中国工程院信息与电子工程学部院士，2008 年 2 月 2 日因病，在长沙逝世。

5. 从小型机到微机的发展

中国第三代集成电路计算机的发展，还有一个重要的里程碑，即 DJS130 小型机，这是中国研制系列化民用计算机的起点。

1973 年 1 月，四机部召开了电子计算机首次专业会议（即“7301 会议”）。会上总结了 60 年代我国在计算机研制中的经验和教训，决定放弃单纯追求提高运算速度的技术路线，确定了发展系列机的方针。“7301 会议”作出下面六点决议：大中小结合，以中小为主，着力普及和应用；发展系列机，实现一机多用，多机通用，各型联用；加强外部设备发展，妥善解决主机和辅机的关系；加强软件发展，加强服务工作，推动计算机的推广应用；积极采用集成电路，加速产品的更新换代；相应发展模拟机。在此基础上，“7301 会议”提出了联合研制三个系列机的任务：小系列，即台式机和袖珍计算机器系列；中系列，即多功能小型计算机系列；大系列，运算速度每秒 10 万次 ~ 100 万次；以中小型机为主，着力普及和运用。

从此，中国计算机工业开始有了政策性指导，重点研究开发国际先进机型的兼容机。天津市电子计算机研究所与清华大学的计算机专家团队决定共同研制系列化小型机。确定研制系列机，这是在我国计算机研制、生产发展中得出的沉痛历史教训的结果。这之前，在我国近 20 年的时间里总共研制和生产的国产计算机不过 200 多台，可型号却有 100 多种。本来研制计算机的单位就不是很多，几年才能生产出一台，成本很高，也就是军工系统或气象、石油、邮电、铁路等部门才用得起。可再一研制下一台，技术指标和功能又全变了。这样每研制一台，往往只生产几台，甚至仅生产一台。而且少有的软件又都是为计算机量身定做的，故没有兼容性可言。在西方技术封锁的艰苦条件下，决策者能认真地听取技术专家的建议，审时度势、不失时机地作出了重点研究开发国际先进机型的兼容机，硬件自主研制，软件兼容，进行系列机研制的决定，今天看是适时和正确的。

1973 年 4 月，清华大学召开了 DJS130 小型机总体技术论证会，总体思路就是硬件自行设计，软件兼容。1973年6月，联合设计组成立。清华大学任组长单位，天津市电子计算机研究所和北京计算机三厂（当时厂名为北京无线电三厂）任副组长单位。联合设计一开始就遵循兼容性的原则，研制样机以美国DG公司的NOVA1200小型机为蓝本，由天津市电子计算机研究所提供。经过一年多的设计和研制，整机最后又经过可靠性的考验，都达到了预计的指标。就这样，单字指令16位、主机字长16位、定点16位补码并行运算，算术运算和逻辑运算指令速度为50万次/秒的中国第一个系列化的小型计算机诞生了。

1974年6月，继北京联合设计组样机研制成功1个月后，天津市电子计算机研究所的样机也研制成功。《天津日报》头版头条报道了这一全部国产化，达到国际先进水平的计算机诞生的消息。在鉴定会结束之后，全国各地掀起了一个生产和推广使用DJS130小型机的热潮。该机共生产了1 000台左右，并被迅速地推广应用到国防部门、高等院校、科研院所、厂矿企业等众多部门。各大专院校的计算机教材都是以DJS130小型机的图纸和技术说明书为蓝本写成的。所以，我国70年代和80年代初期计算机专业的大学毕业生都非常熟悉DJS130小型机。[1]

20世纪70年代后期以后，中国研制的计算机，几乎全部使用进口元器件、进口部件。由于超大规模集成电路迅速发展，数千万甚至上亿个晶体管逐渐能够集成在一个芯片上，20世纪80年代及其之后得到迅速发展的计算机，是普通个人使用的“微机”（PC机）及超强“微机”（后者可以组成服务器或者并行处理的高性能计算机），而其他各式各样的计算机（包括超级中小型计算机在内）由于性价比问题，无法和微机竞争，就自然逐步退出舞台了。

1　吕文超.100系列计算机联合设计成功的启示[J].计算机教育，2008，79(19):17-20.

6.“银河”与“曙光”大型机问世

1978年，党的十一届三中全会召开，拉开了改革开放的序幕。党中央、国务院决定在原“哈军工”的基础上组建国防科技大学，同年2月，邓小平同志交给国防科委一项任务——研制我国首台巨型计算机。

由于没有高性能的计算机，我国勘探的石油矿藏数据和资料不得不用飞机送到国外去处理，不仅费用昂贵，而且受制于人。当我国提出向某发达国家进口一台性能不算很高的计算机时，对方却提出：必须为这台机器建一个六面不透光的“安全区”，能进入“安全区”的只能是巴黎统筹组织的工作人员。时任国防科委主任的张爱萍上将向邓小平立下了军令状：一定尽快研制出中国的巨型计算机。

国防科技大学计算机研究所所长慈云桂担任这一项目的总设计师。当时这个仅200多人的研究所，工作人员队伍很年轻，具有副教授以上职称的技术人员寥寥无几，但这些年轻人发扬自力更生、奋发图强的精神，依靠各地20多个单位的支援协作，只用了5年时间，就完成了“银河”巨型机的研制工作。

1983年12月22日，经过5年的研制，我国第一台每秒运算达1亿次以上的巨型电子计算机——“银河－Ⅰ”在长沙国防科技大学研制成功。它的研制成功，也向全世界宣布：中国成为继美、日等国之后，能够独立设计和制造巨型机的国家。“银河”巨型计算机系统是我国目前运算速度最快、存贮容量最大、功能最强的电子计算机。它是石油、地质勘探、中长期数值预报、卫星图像处理、计算大型科研题目和国防建设的重要手段，对加快我国现代化建设起着很重要的作用。

今天看来，“银河”巨型计算机是来之不易的。改革开放之初，我国技术落后，资料匮乏，西方国家又对我国实行技术封锁，了解国外研制巨型机的情况十分有限。国防科大虽然是国内最早研制计算机的单位，但此前为远望号测量船研制的“151”机，每秒运算速度只有100万次，而现在要研制每秒运算一亿次的机器，计算机运算速度一下要提高100倍，其困难不言而喻。但是，困难没有吓倒这些新一代中国计算机工程技术人员。

1983年5月，国务院电子计算机与大规模集成电路领导小组组织全国29个单位的95名计算机专家和工程技术人员，成立“银河计算机国家技术鉴定组”，分成7个小组对“银河”机进行全面、严格的技术考核，“银河”机均以优异成绩通过考核。“银河”巨型机的研发团队在设计、生产、调试过程中，提出了许多新技术、新工艺和新理论。有些是国内首次使用，有些达到了国际水平。

1992年11月19日，由国防科技大学研制的“银河－Ⅱ”10亿次巨型计算机在长沙通过国家鉴定，填补了我国面向大型科学工程计算和大规模数据处理的并行巨型计算机的空白。“银河－Ⅲ”完成于1997年，该年6月19日，由国防科技大学研制的“银河－Ⅲ”并行巨型计算机在京通过国家鉴定。该机采用分布式共享存储结构，面向大型科学与工程计算和大规模数据处理，基本字长64位，峰值性能为130亿次。该机有多项技术居国内领先，综合技术达到当时国际先进水平。

2000年8月，由我国自主研发的峰值运算速度达到每秒3 840亿浮点结果的高性能计算机“神威Ⅰ”投入商业运营。中国的计算机水平完成了从10亿到3 000多亿次的跨越。我国已成为继美国、日本之后第三个具备研制高性能计算机能力的国家。该系统在当今全世界已投入商业运行的前500位高性能计算机中排名第48位，其主要技术指标和性能达到了国际先进水平，是我国在巨型计算机研制和应用领域取得的重大科研成果，打破了西方某些国家在高性能计算机领域对我国的限制。其应用范围主要涉及气象气候、航空航天、信息安全、石油勘探、生命科学等领域。如：与我国气象局合作开发的集合数值天气预报系统，在8小时内可完成32个样本、10天全球预报；与中科院生物物理所合作开发的人类基因克隆系统，已完成人类心脏基因克隆运算，取得了达到国际先进水平的成果。第一台“神威Ⅰ”在北京市高性能计算机应用中心投入使用，第二台在上海超级计算机中心投入运行。[1]

继“神威”计算机后，“曙光”计算机也异军突起，出现在人们的视野中。20 世纪 90 年代初，我国市场上的高性能计算机几乎全部是进口产品，我国石油物探和气象等核心部门甚至还要在外国人的现场监控下使用进口计算机。甚至国内科学家去日本参观时，那里的高性能计算机都是用布蒙起来的。当初“863 计划”并没有把曙光计算机列入其中。限于经费，国家也只给了“曙光一号”200 万元的支持。后来得到国家“863 计划”支持的曙光系列高性能计算机的研制和产业化，探索了一条在对外开放、市场经济为主的条件下发展我国高性能计算机的途径。

机器出来了,但又遇到另一个难题——没有市场。即使是在“购买这个机器，国家帮你出一半的钱”的政策条件下，“曙光一号”仅仅卖出了 3 台。封闭的设计体系成了推广的第一个拦路虎。由于“曙光一号”是全面自主开发的，设计体系与国际标准不接轨，不能兼容国际上主流的操作系统和应用软件，该机的推广十分困难。显然，那个看起来“耗时、耗钱又耗能”的高性能计算机，不应是摆在玻璃房子里面的科研成果，应用是其存在的“灵魂”。而后，以科技成果作价 2 000 万元的曙光公司 1996 年成立。这些年来，不管外界的环境和压力如何变化，曙光公司为高性能计算机的研发定下的发展基调始终未变，那就是面向应用，面向市场。事实证明，这条路他们走对了，也取得了成功。后来，曙光公司成为全球第六大、亚洲第一大高性能计算机的厂商。而在中国市场上，曙光连续 5 年蝉联高性能计算机市场份额第一，超过了高性能计算领域的“传统劲敌”IBM 和惠普。

以研制成功我国第一台全对称并行多处理机“曙光一号”为起点，1997 年我国着手研制机群结构超级服务器，并先后推出了“曙光 1000”大规模并行机和“曙光 2000”“曙光 3000”“曙光 4000”等系列超级服务器，基本上做到每年推出一代新产品，计算速度从

1　周兴铭，赵阳辉. 慈云桂与中国银河机研究群体的发展历程 [J]. 中国科技史杂志，2005，26(1):37-45.

每秒200亿次提高到每秒11万亿次浮点运算。2004年6月，每秒运算11万亿次的超级计算机“曙光4000A”研制成功，落户上海超算中心，进入全球超级计算机前十名，从而使中国成为继美国和日本之后,第三个能研制10万亿次高性能计算机的国家。2006年7月，占地面积超过4公顷的曙光天津产业基地落成投产，实现民族高性能计算机产业的历史跨越。曙光高性能计算机连续11年稳居国产高性能计算机市场第一，拥有70%以上的市场份额，并在高性能集群领域实现了国产机对进口产品的超越。2008年6月，由中国科学院计算所、曙光公司和上海超级计算中心三方共同研发制造的“曙光5000A”面世，其浮点运算处理能力可以达到230万亿次，这个速度有望让中国高性能计算机再次跻身世界前10，中国成为继美国之后第二个能制造和应用超百万亿次商用高性能计算机的国家。[1]

在中国的计算机发展进程中，联想公司的贡献也功不可没。联想公司于1984年由中国科学院计算技术研究所投资20万元成立。成立之初只是以销售电子产品为主，主要代理IBM微机及AST微机销售，1985年后从代理走到自主生产，从此才真正开启了联想电脑之路。1989年公司正式更名为“联想集团公司”。1990年5月，联想将200台“联想286”送到全国展览会上，一炮打响。1994年2月14日，联想在香港挂牌上市；1997年2月3日，北京联想和香港联想合并为中国联想。2008年12月4日，联想集团对外宣布，联想与中国科学院计算机网络信息中心合作自主研制成功每秒实际性能超过百万亿次的高性能计算机“深腾7000”，“深腾”系列也多次成为全球前10的超级计算机。联想通过这种与政府及中科院网络中心等大型科研机构的战略合作，引入专业运维服务团队，共同投资，搭建异构体系的公共商用计算平台，为科研、企业用户提供低成本，高效能、易管理、高安全的公共商用计算平台。

“曙光5000A”和“深腾7000”都将成为中国国家网格（CNGrid）的主节点机。目前,中国国家网格的结点数量已从8个增加到10个。

1 付向核. 曙光高性能计算机的创新历程与启示 [J]. 工程研究－跨学科视野中的工程，2009，1(3):282-291.

工作人员正在调试
曙光 5000A

2010 年，中国国家网格软件 CNGrid GOS 4.0 软件在科技部“863 计划”重大项目“中国国家网格软件研究与开发”课题支持下，由计算所牵头，历时三年研发成功，在中国国家网格服务环境部署。该系统提供用户、安全、数据和管理等服务，有效集成了中国国家网格各结点的各类资源，提高了网格服务环境的易用性和系统的稳定性。目前，该系统的计算资源立足于国产曙光、联想、浪潮等高性能计算机，依托自主开发的一批高性能计算应用软件与商业应用软件，实现了分布在全国各地 10 个结点的计算资源、存储资源、软件和应用资源的整合，形成了具有 45 万亿次以上聚合浮点计算能力、490TB 存储能力的网格环境，提供高性能计算和数据处理等多种服务。同时在中国国家网格上开发和部署了 100 多个高性能计算和网格应用，支持了近千个用户的使用，计算题目涉及气象数值模拟与预报、生物信息、计算化学、流体力学、地震三维成像、石油勘探油藏数值模拟、天体星系模拟、航空航天设计、生物药物研究、环境科学及其他研究领域。

7. 汉字编码技术的创立者

最初，我国没有汉字的编码，汉字无法输入到计算机中，也无法用计算机来处理汉字信息。被誉为汉字编码和信息处理系统研究开拓者的支秉彝，改变了这种局面。他既是电信工程和测量仪器领

支秉彝

域的专家，也是当时国内最早研究汉字处理电脑化的专家之一。1976 年，支秉彝开始进行汉字编码及信息化研究，并试制出见字识码技术，在 20 世纪 80 年代初期被广泛应用。

支秉彝（1911—1993），江苏泰州人。1934 年，他从浙江大学电机系肄业后留学德国，就读于德累斯登工业大学电机系。1937 年，转入莱比锡大学物理学院。1944 年，获该院自然科学博士。其间曾在德国蓝点无线电厂任工程师，兼任莱比锡大学和马堡大学的汉语讲师。1945 年第二次世界大战结束，支秉彝一再拒绝美国在德引揽人才的聘请。次年，支秉彝怀着“发展科技，仪表先行”的抱负，购置了一批精密标准仪器欣然回国。经友人推荐，担任中央工业试验所电子试验室主任。其时支秉彝先后兼任浙江大学、同济大学电机系教授。

上海解放后，支秉彝创办了黄河理工仪器厂，任经理、工程师、并受聘上海航务学院教授。1954 年，黄河理工仪器厂并入上海电表厂，支秉彝任副总工程师兼中心试验室主任。1964 年，支秉彝调上海电工仪器研究所，先后任总工程师、副所长、所长、名誉所长。

“文革”中，支秉彝被诬为“反动学术权威”，一天，他看到隔离室墙上“坦白从宽，抗拒从严”八个大字，骤然间萌发了一个研究想法：能不能把汉字编成一种有规律的代码，用以替代打电报的老办法？因为电报是沿用 4 个数字码组成的编码，码和字之间没有规律性联系而完全依赖发报员的记忆。他同时设想：能不能进而让汉字同西文一样直接进入计算机？支秉彝凭早年在德国任教汉语的根基，潜心思考，运用 26 个拉丁字母逐个编码汉字。后来蜚声国内外计算机界的支秉彝“见字识码”，又称“支码”的科学工程，就从隔离室里开端了。当时，支秉彝手头有笔，却没有纸，就利用茶杯盖子，几十个汉字编满了，抹了再编。没有字典，就凭记忆。

1969 年 9 月，支秉彝从隔离室出来，被监督劳动，他仍坚持着汉字编码研究。从 20 世纪 50 年代以来，日本、美国、英国、法国、澳大利亚和我国台湾地区的许多专家学者都在进行同领域研究。这对外国拼音文字来说，轻而易举，只要对 20 ~ 30 个字母选配一串“0”和“1”，便能顺当地进入计算机。但使汉字进入电子计算机，研究者煞费苦心，绞尽脑汁，构想了许多编码方法，设计了若干种键盘，努力了近 20 年，可是，对造形独特的象形文字中文来说，却成了一个“世界难题”。支秉彝仔细研究和总结了国外编码方法的优缺点，创造了打破单一分解汉字字形的方式，与众不同地综合分析汉字字音、字形、笔划和拼音之间的关系，关键是用 26 个拉丁字母进行编码，以 4 个字母表示一个汉字，规则简单，易于掌握，如“路”字，可拆成口、止、文、口四部分，取部首拼音读音的第一个字母，即组成“路”的代码 KZWK。由于每个汉字的字码固定，给计算机的存储和软设备的应用带来很大的方便。打码的键盘由 26 个拉丁字母组成，既可打中文，也可打西文，还可与西方电传打字机通用，由于每个汉字由四个字母组成，只需按四下字键，而每个西文字平均由六七个字母组成，要按六七下字键，所以汉字的打字速度比西文字要快。这种编码方案建立在字音和字形的双重关系上，见字就能识码，见字就能打码，不必死记硬背。由于每个汉字的字码是固定的，就给计算机码的存贮和软件的应用带来很大方便。这种编码曾得到一定程度的应用，为建立中文计算机网络和数据库打开了大门，并使建立在电子计算机基础上的照相排版印刷的自动化得以实现。

1977 年，上海市市内电话局“114”服务台按照“支码”汉字编码法，成功地把用户单位名称的汉字变成一种信息，储存在计算机内，话务员根据用户要求，按下字键，通过电子计算机自动地回答所查到的电话号码。1976 年年底，他的《见字识码》方案全部完成。由此，他以一本《新华字典》作伴侣，把字典上的 8 500 字都编上了码，每个字填写一张卡片，从中探索和解决了重复码的规律。8 500 个字的汉字编码是他的心血铸成！经过六年的奋战，1974 年秋，《见字识码》初稿完成了，这在当时国内是开创性的成就。

1983 年，上海仪器仪表研究所为全国 50 多个单位提供了电脑汉字信息处理技术和设备，应用于邮电、通信、政府机关、高校、工矿企业、科技情报、图书档案、体育等部门和行业，标志着我国电脑汉字信息处理进入了应用推广阶段。1995 年 11 月 3 日《文汇报》撰文称：大陆第一种汉字输入编码的发明者叫支秉彝，所以这编码就叫做“支码”。

8. 王选与汉字激光照排系统

计算机的发展给各行各业都带来了新的可能与便利，其中之一就是在印刷业的应用。汉字激光照排系统的出现，为新闻、出版全过程的计算机化奠定了基础，被誉为“汉字印刷术的第二次发明”，是印刷业的第二次革命。这一切要归功于两院院士王选。

王选，1994 年摄于北京大学计算机研究所

王选（1937—2006），上海人。1958 年，王选从北京大学数学力学系计算数学专业毕业，并留校任教。当时我国正掀起研制计算机热潮，由于计算机人才缺乏，他才未受“右派”父亲株连而留校当上助教。刚一工作，王选就有幸参加到我国第一台“红旗”计算机的研制中。长年累月的忘我工作，使他重病缠身。1961 年夏天，饥饿加上连续的劳累，终于把他击倒。他的病辗转几家医院，持续数年，久治不愈，生命一天天虚弱。然而在病中，他却以惊人的毅力、卓越的总体设计，进军计算机高级语言编辑系统的研究，为我国推广计算机高级语言做出了宝贵的贡献。

中国是印刷术的故乡，活字印刷已有近千年的历史。活字印刷主要有三个步骤：制活字、排版和印刷，在汉字激光照排系统之前，书报生产依然仿照这个过程。汉字字数繁多，排字要从排字架上找，排字架组织复杂，占地广大，拣字也极费时间，因此汉字排字一直是印刷术中一个难题。随着电子、光学和计算机技术的迅速发展，西方早已采用“照排技术”，但由于汉字比西方文字复杂得多，我国印刷行业始终难以摆脱手工拣字拼版的落后状况。

1974 年 8 月，经周恩来总理批准，我国开始了一项被命名为“748 工程”的科研项目，该工程分三个子项目：汉字通信、汉字情报检索和汉字精密照排。当时 38 岁的王选“病休在家”很多年了，他对其中的汉字激光照排项目产生了兴趣，决定参与其中。当时国内已有五家院校和科研单位申报承担汉字精密照排系统，王选决定参加这场竞争，没人知道王选初涉这一领域时的艰辛。在研究前，他必须先弄清国内外的现状和发展动向。为了广泛查阅资料，王选往返于北大与科技情报所之间，每次两角五分的公共汽车费都舍不得花，常常提前下车步行一站。由于缺乏经费，他也常常用手抄代替复印。

在研制中，王选大胆地选择技术上的跨越，跳过当时日本流行的第二代机械式照排机和欧美流行的第三代阴极射线管照排机，直接研制国外尚无商品的第四代激光照排系统。发明了高分辨率字形的高倍率信息压缩技术和高速还原和输出方法等世界领先技术，率先设计出相应的专用芯片，在世界上首次使用“参数描述方法”描述笔画特性，并取得欧洲和中国的发明专利。

1979 年，他主持研制成功汉字激光照排系统的主体工程，从激光照排机上输出了一张八开报纸底片。1981 年后，他主持研制成功的汉字激光照排系统、方正彩色出版系统相继推出并得到大规模应用，实现了中国出版印刷行业“告别铅与火、迎来光与电”的技术革命，彻底改造了我国沿用上百年的铅字印刷技术，成为中国自主创新和用高新技术改造传统行业的杰出典范。国产激光照排系统使我国传统出版印刷行业仅用了短短数年时间，从铅字排版直接跨越到激光照排，走完了西方几十年才完成的技术改造道路，被公认为毕昇发明活字印刷术后中国印刷技术的第二次革命。

1979 年 7 月 27 日，在北大汉字信息处理技术研究室的计算机房里，科研人员用自己研制的照排系统，在短短几分钟内，一次成版地输出了一张由各种大小字体组成、版面布局复杂的八开报纸样纸，报头是“汉字信息处理”六个大字。这就是首次用激光照排机输出的中文报纸版面。这六个大字后来彻底改变了中文排版印刷系统，有人将其称为“中国印刷界的革命”。1981 年 7 月，我国第一台计算机激光汉字照排系统原理性样机“华光Ⅰ型”通过国家计算机工业总局和教育部联合举行的部级鉴定，鉴定结论是“与国外照排机相比，在汉字信息压缩技术方面领先，激光输出精度和软件的某些功能达到国际先进水平”。

20 世纪 80 年代起，王选就致力于将其科研成果商品化。90 年代初，他带领队伍针对市场需要不断开拓创新，先后研制成功以页面描述语言为基础的远程传版新技术、开放式彩色桌面出版系统、新闻采编流程计算机管理系统，引发报业和印刷业三次技术革新，使汉字激光照排技术占领 99% 的国内报业市场以及 80% 的海外华文报业市场。随着研究工作的不断深入，“华光”激光照排系统日臻完善，1988 年推出的华光系统，既有整批处理排版规范美观的优点，又有方便易学的长处，是国内当时唯一的具有国产化软、硬件的印刷设备，也是当今世界汉字印刷激光照排的领衔设备，在国内和世界汉字印刷领域有着不可替代的地位。

之后，华光Ⅲ型机、Ⅳ型机、方正 91 型机相继推出。1987 年，《经济日报》成为我国第一家试用华光Ⅲ型机的报纸，1988 年，经济日报社印刷厂卖掉了全部铅字，成为世界上第一家彻底废除了中文铅字的印刷厂。1990 年全国省级以上的报纸和部分书刊已基本采用这一照排系统。20 世纪末，全国的报纸和出版社全部实现激光照排，中国的铅字印刷成为了历史。

1988 年后，他作为北大方正集团的主要开创者和技术决策人，提出“顶天立地”的高新技术企业发展模式，他积极倡导技术与市场的结合，闯出了一条产学研一体化的成功道路。1992 年，王选又研制成功世界首套中文彩色照排系统。先后获日内瓦国际发明展览金牌、中国专利发明金奖、联合国教科文组织科学奖、国家重大技术装备研制特等奖等众多奖项，王选也被国人誉为“当代毕昇”。1994 年他当选为中国工程院院士。2006 年 2 月 13 日，王选在北京病逝，享年 70 岁。

中国工程师史 第三卷

第三章

中国工程教育的发展历程

一、古代工程师的社会组织及工程理念

中华民族曾经创造出辉煌灿烂的古代文明，涌现了一批杰出的工程巨匠，建造了长城、大运河、都江堰、赵州桥等伟大的工程。

中国传统文化的主流是儒家思想，在儒家看来，技术都是奇技淫巧，搞工程也只是雕虫小技，因此形成了“士农工商”的职业地位排序，古代工匠社会地位较低。做官是中国古代读书人的最终梦想，科举考试的科目基本不涉及技术或工程领域。从事工程的人多来自学徒制，或者是一些从事其他行业的匠人。进行工程教育的方式是口口相传，或将经验以文字的方式记载下来，传给他人。在这种工匠传统的教育方式背景下，我国工程技术人才完成了一项项伟大的工程。

1. 从个体手工业到民间作坊

随着中国古代社会商品经济的发展，工匠队伍也越来越壮大。到了明清时期，景德镇已有民窑二三百区，商贩毕集，终岁烟火相望，工匠、人夫不下十余万。佛山地区几乎家家冶铁，有炒铁炉数十，铸铁炉数百。明清时期同行工匠的分工越来越细，新的工种不断产生。如景德镇瓷器场内工匠生产即分有淘泥、拉坯、印坯、旋坯、画坯、舂灰、合釉、上釉、挑搓、抬坯、满掇、烧窑、开窑、乳料、舂料等多种工种。其中画工又分为乳颜料工、画样工、绘事工、配色工、填彩工等。在纺织领域，原来主要分为丝、麻纺织，明清时期棉纺织工匠遍及全国，成为纺织行业的主力，其中又分轧花匠、纺纱匠、织布匠、染布匠、踹布匠等。于是，生产规模也从个体手工业演变到民间作坊。

作坊，也称“作场”“坊”“房”“作”，特指古代工匠集中在一起劳动的场所。民间作坊，主要从事商品生产。作坊主被称为作头、长老或师傅，其主要工作是指挥徒弟和帮工进行生产。帮工和学徒工一般与作坊主立有文约，对作坊主有一定的人身依附关系。唐宋以后他们还受行会的束缚。中国古代民间作坊的规模有大有小，以小作坊占多数。所谓小作坊，是指它的组织形式简单，由一个主匠——师傅，雇用一两个徒弟或帮工，并备有简陋的车间、简单的生产工具和为数不多的资金，形成小的生产单位。直到近现代，中国仍有大量这样的木匠铺、铁匠铺、铜器铺、锡器铺、轧鞋铺等小作坊。民间的大作坊，更多地出现在金属矿冶业和纺织业。这些作坊中，劳动有较细的分工，由数十或数百人共同协作，进行批量性商品生产，有场房和较多的资金，主人是较富有的私人工商业主，工人所从事的主要是雇工劳动。

古代作坊里的工匠都重视维护自己的信誉，尽力发挥自己的独特技术，生产名牌产品，于是“某家某物”就成为最好的商品招牌。如延续到今天的“北京王麻子剪刀”“杭州张小泉剪刀”等，当初都是个体工匠的产品。北宋时期，京城汴梁已是“万姓交易”，盛况空前，那时人们买东西就“多趋有名之家”。孟家的道冠、赵文秀的笔、潘谷家的墨，都很出名。南宋首都临安的盛况更远胜旧都汴梁，文献中有记载的名家小商品不下数百家，如彭家的油靴，宣家的台衣，顾家的笛子，舒家的纸札铺，童家的柏烛铺，徐家的扇子铺，纽家的腰带铺，张家的铁器铺，徐家的绒线铺，朱家的裱褙铺，游家的漆铺，邓家的金银铺，齐家的花朵铺，盛家的珠子铺等等。[1]

唐宋时期的笔墨精品，文献上多有记载。笔、墨、纸、砚被誉为“文房四宝”。端州出产的端石是制作端砚最好的材料；宣城是宣纸、宣笔的产地；徽墨，即徽州墨，以安徽省徽州的绩溪、休宁、歙县三地为制造中心。清代徽墨四大家，绩溪有其二——绩溪人汪近圣、胡开文，尤以胡开文名冠海内外，久传不衰。歙

1 曹焕旭. 中国古代的工匠 [M]. 北京：商务印书馆国际有限公司，1996:27.

县李家制墨，有独特的用胶法，可达到“遇湿不败”的质量。名家产品都有其绝技，而这些绝技又是靠家传得以延续。手工业劳动技术靠直接接触才能掌握，靠长期教育和训练才能提高。工匠的训练途径和方法大都采取“父兄之教”和“弟子之学”的家传教育方式。他们长期在一起，旦夕相处，耳提面命，终至“不肃而成”，“不劳而能”，一代代把技术传下来。

在市场狭小的古代社会，工匠保存本家的一技之长，就是保障自己的生存，而一旦把生产技术的秘密泄露于人，就是在为自己制造竞争者。这对古代工匠来说，无异于自断生路。因此，古代工匠在传授技艺上特别慎重，一般只传本姓、本家，不传外人，就是本家中有的还只传男不传女，怕女儿出嫁后，把技术带给夫家。如果某项技术在当地只有两家掌握，那么为保守技术秘密，两家世代为婚。有的工匠为了保守家传的技术秘密，竟被迫陷入有女终生不嫁的悲惨境地，正如唐代元稹《织女词》中所形容的那样：“东家白头双女儿，为解挑纹嫁不得。”[1]

工匠们严守自己的技术秘密、不轻易外传的传统，也有另一种作用，就是迫使各行各业的工匠自专其业，穷终身之力，并调动世代相传的力量，来提高自己家传的技艺，以至于达到炉火纯青的水平。这种精神被称为“匠人精神”，即使在科技高度发达的今天，也是值得我们弘扬的。

2. 匠帮、行帮及其组织

明清时期，工匠的一种组织形式——匠帮开始出现。匠帮是在地域性的同业或同行组织基础上发展起来的。如清代苏州织绸业中的雇工分京（南京）、苏两帮；广州丝织业雇工按籍贯分为11帮；四川富荣盐场盐工和整灶工分江津和南川两帮；上海的铁匠、铜锡匠、木匠有上海帮、无锡帮、宁波帮与绍兴帮之分。匠帮成

1 徐少锦. 中国传统工匠伦理初探 [J]. 审计与经济研究，2001，16(4):14-17.

员多是同乡的同行匠人。匠帮组织关系的核心先是师徒关系，其次是乡邻和亲友关系。在中国乡土社会，这两种关系一般纠缠在一起。

从明代开始出现了作头（匠帮的领头人）从东家处承包来工程，然后雇佣工匠伙计完成的模式。工匠伙计是作坊的雇工，而作头是老板，他们可以是作坊老板，也可以是技术高超的匠师。丰富各异的制作风格和构造做法往往体现了不同匠帮派系的技术特征。以建筑为例，徽州民居和苏州民居的风格和做法就大不相同。这是因为中国传统社会在地理上多有封闭性，形成了各地独有的生活方式、营造习俗和审美价值等。再加上从事体力劳动的工匠地位较低，多半不识字，难以对已有的技术经验进行理论提升，多是经验性的总结，具体的营造技术一般采用歌谣、口诀和符号的方式来进行传承，逐渐形成了一定地域中固定的营造范式。

为了避免竞争，匠帮对于加入其中的从业人员有严格控制，因为匠人的手艺是他们赖以生存的根本。匠师收徒往往有不成文的规定，要考虑血缘和地缘关系。所收艺徒大多是该工匠的子弟、亲戚或同乡，以保证技艺不外流，久而久之就形成了帮派。匠师收徒、徒弟拜师大多需要保人或者中介人，还要履行一定的手续和仪式才能建立正式的师徒关系。可以说，匠帮实际是由师承关系和同乡关系组织起来的工匠团体，也是一个依靠技术将亲缘和地缘联系起来的工匠团体。匠帮维护了同行中同乡人的利益，并不断发展壮大，逐渐成为了中国古代工程建设的骨干力量。

到了近代，随着乡土社会的逐步瓦解，匠帮的组织以及营造活动的管理方式都发生了巨大变化。匠帮不仅代表着来自同一地域的工匠群体，更代表着掌握某一特定营造技术的匠人群体或者营造团体，并深深打上了地域性的烙印，体现着某一地域的营造技术特点。这在建筑工程上表现得尤为明显。比如，由来自苏州香山地区的匠人结成的苏州香山帮，是一个集木匠、泥水匠、堆灰匠（泥塑）、雕花匠（木雕、砖雕、石雕）、叠山匠以及彩绘匠等古典建筑中应有的全部工种于一体的建筑工匠群体，在江南地区颇具代表性，以擅长复杂精细的中国传统建筑技术而远近闻名，并形成了自己的独特风格。

苏州香山所在地原称南宫乡，历代传为吴王离宫——南宫之所在，位于今苏州吴中区胥口镇太湖边，据《木渎小志》介绍："昔吴王种香草于此，遣西施及美人采之，故名。"苏州地区从宋代以来一直是江南的经济中心，地少人多，多数人已经脱离了农业，开始从事各种手工业。香山地区很早就有工匠专门从事建筑营造活动。明初营造南京城和北京城时，官府征召了大量江南地区的工匠，其中就包括来自香山地区的蒯祥。明代以来作为经济中心的苏州，有着大量的营造项目，这就为营造业提供了大量机会。鉴于以上客观条件，在明代中晚期，为谋求生机的香山工匠以地缘和亲缘关系为基础，以独特的营造技艺为依托逐渐形成了香山帮。香山帮匠人所建造的建筑，被后人称为"苏派建筑"。

工匠群体以某个行业为基础也会出现自己的组织。明代以后，匠籍制度解体，恢复自由身的民间工匠和手工业者大量涌入城镇成为雇工，就业竞争日益激烈。在岗的工匠为了减少外来的和内部的竞争，维护自己的生存条件，开始纷纷成立行帮组织。这个利益团体范围较窄，与匠帮类似，开始也多是按照乡土地缘和血缘关系组织起来的。有所不同的是，行帮既有地域概念也有同行概念。例如，上文提到的香山帮，既指从香山地区出来的从事木工这个行业的工匠群体，也泛指从事各种工种的建筑工匠群体。行帮按规模也划分成大行和小行。

为了维护小行的利益，行帮设有一套较为严格的制度。第一，为排斥他帮和帮外散工，把持就业，入帮有一定限制或者门槛，不入帮不得在本行业受雇。入帮除限定乡籍外，还有拜师、祭神、交费等手续。第二，限制收徒，并垄断行业技术。这也是行帮组织十分严格的规定。第三，把持业务，即所谓各帮之间各归主顾，互相不准掺夺。由行帮组织统一安排固定下来，规定某业主只准雇用某帮的工匠。这种做法到近代就演变成包工头制度。大行的行规主要是类似于行会同业内的一些经营规范，防止内部的恶性竞争。如规定原料和产品价格，说明本行用的是优质材料，价格合理，以建立社会信誉，取信于消费者；根据行业特点规定劳动时间和工资待遇；规范收带徒弟制度，以限制从业者人数的增加，明晰师徒关系，保证劳动正常进行。还制定了罚规，同行间争议由其行会仲裁，当事人须服从决定，否则受同行共同排斥。

行帮发展壮大后，就逐渐出现了行会。行会是古代民间工商业者相对固定的社会组织，早期称为“行”，产生于隋唐，在宋元明清得到发展。行会是为了排斥竞争、保护同行利益而按行业建立起来的一种组织形式。明清时期的行会组织常称为会馆或者公所。会馆主要是以地区命名的同乡组织，原是士大夫间的“联谊”组织；公所则多数是以行业命名的同业组织，只是由于在中国传统的社会经济中同乡多与同行紧密联系在一起，所以很多情况下同乡会馆也就变成了同行聚会的地方。有些会馆兼有行业协调的作用，甚至就变成了行业性的会馆。商人可在会馆中居住、存货，以至评定市价。

3. 古代工程实践者的自学和钻研精神

中国古代承担工程任务的通常是匠人和管理匠人、领导工程实施的官员。无论是匠人还是官方的工程建设指挥者，都是那个时代的“工程师”。就官方工程建设指挥者而言，除少部分是由官匠转化而来的“工官”外，其余大多是科举出身的文官。他们从小接受的主要是儒家文化教育，大多数人在任职前，从未经历专业技术的学习与训练。同时，他们的职位变动较为频繁，常常在技术部门与非技术部门之间转换，故而实际上，此类官员任职的技术准入门槛较低。尽管如此，并不意味着文官便只有“读诗书、做文章”的能力，担任政府部门的技术行政职位，负责公共工程的技术管理及决策实施等工作，往往会激发出他们其他方面的潜力。在任职过程中，针对一些极具经验性的工作，如疏通、治理河道等水利工程，以及修建城郭、宫殿、陵寝等建筑工程，他们

唐英塑像

通过实地考察、查阅资料、向他人请教等方法尽快地熟悉工作内容。而其中杰出者，更是在任职期间苦心钻研，逐渐培养出卓越的技术素养，从而取得突出的成就。

另一方面，选派负责修建河道、皇宫等集工程管理、决策、实施以及营造技术、河工技术、河务监督等数职于一身的高级官员，朝廷主要考虑的因素，除了具有工程经验之外，还必须具备良好的人品和无可訾议的操行记录。因为，首先，这样的工程组织者才能不负众望，动员相关府县的地方官，指挥如意。其次，大规模工程的巨额经费，如治河工程的资金，最终分配权就掌握在工程指挥者手里，因而朝廷不得不考虑其品行。由此可见，才能、学识、品行各项齐备，才是此类技术官员出色完成工程项目的必要条件。

现如今闻名中外的瓷都景德镇，其名声和业绩很大程度上便得益于官方委派的官员工程师。明清两代帝王都在景德镇设置官窑，并委派官员专门负责管理，这类官员被称为督陶官或督陶使。几百年间，大量督陶官被派往景德镇，专门负责监督御用瓷器的生产。明代督陶官由皇帝身边的宦官担任，他们常常倚仗帝王威势横行霸道，多次导致官窑瓷工的反抗，官窑的生产也因此而几起几落。清代统治者改变了明代的做法，将宦官督陶看作是弊政，予以革除，而由朝廷直接委派官员督陶。这些官员大都熟悉陶务，并努力钻研陶务，出现了数位对景德镇陶瓷艺术做出贡献的督陶官，唐英便是其中的杰出代表。

唐英初到景德镇时，对陶瓷几乎一窍不通。他利用九个月的时间，拒绝了所有官场上的应酬，深入坯房窑厂，和陶工们一起生活，一起劳作，积极参与绘画等制作工作，很快就熟悉了制瓷的各种工艺，由一个外行转变成内行。乾隆皇帝十分重视宫内制瓷事务，他不仅对宫内瓷器的用途、形状、纹样等屡屡过问，亲自审定画样，甚至对于瓷器的烧制过程也极感兴趣。唐英曾奉乾隆皇帝的旨意编纂《陶冶图说》，该书图文并茂，详尽地展示了制瓷的全部工序，成为中国陶瓷工程史上的经典之作。

明代仍由工部负责各项工程建设，并且设置了“河道总督”，官位相当于现在的省长或部长。这些河道总督在受任之初可能并不具备管理水利工程的经验与资历，但通过向他人请教和自身实践，其中不少人都成为了优秀的工程专家，取得了很多极具开创性的成就，其中以河道总督潘季驯和靳辅为典型代表。

这些优秀的技术官员或许在求学时期便已具备了成为工程指挥者的智力水平，只是在非技术部门任职时，并没有机会将工程管理方面的才能展现出来，直到被委派为技术官员后才有了施展的舞台。这也说明了一个至今仍然流行的观点：工程师的首要特质是解决问题。因此，现代的工程教育致力于将工程师打造为一个解决问题者。而在古代，那些通过教育（无论是科举还是其他）具备了解决问题能力的人，都有成为优秀工程师的潜质。

4. 古代工程实践者的工程理念

所谓理念，即是上升到理性高度的观念。工程活动中贯彻的总体思想观念就是工程实践者的工程理念。中国古代工程实践者由于受到传统文化的影响，在实践中逐渐形成了独特的工程理念，这些理念很多延续到现代，为现代工程师所继承。其中较具特色的有：和谐理念、等级理念、“天人合一”理念等。

中国传统文化的核心思想之一便是崇尚和谐，“和实生物，同则不继”（《国语・郑语》），“天地之气，莫大于和”（《淮南子》）。中国文化以“和谐”为美，正如董仲舒所言，“天地之道而美于和”，“天地之美莫大于和”。“和”即“和谐”，它包括“天人之和”“身心之和”“人际之和”等。在中国古汉语中，“合”与“和”通用。所以，天人合一可以理解为天人和一。天人之间构成一个和谐的整体，人作为天（即自然）的一部分，理应与其和谐相处。

和谐理念在工程活动中屡见不鲜，以建筑工程为例，中国古代建筑讲究天人之和，即建立人与其周围自然环境之间的和谐关系。在住宅的台基高矮以及室内空间大小方面，强调阴阳之和，用阴阳来概括高矮、大小、明暗等具体范畴，主张以高矮大小适当为宜，反对盲目求大。所谓“室大则多阴，台高则多阳，多阴则蹶，多阳则痿，此阴阳不适之患也。”（《吕氏春秋》）“高台多阳，广室多阴，君子不弗为也。”（董仲舒）五行相生相克的理念，同样旨在寻求一种和谐的状态。古代建筑根据五行之间的生克关系，以其相生、相比为吉，以其相克为凶；以外生内、内克外为吉宅，以外克内、内生外为凶宅。中国古代很少用石头作为建筑原料，这与西方不同，为解释这一现象，有人提出了五行之说。五行为金木水土火，其中没有石，而五行之中适于建筑的只有土木，因此就采土木而弃石了。与自然相和谐，某种程度上也体现在对于自然特征的模仿与追求。大自然循环往复、生生不息，较之石头，木材显然更具备这一特质。而从阴阳的角度来看，木为阳性，是给活人住的；石为阴性，是给死人住的。所以石材通常只用于修建陵墓。

儒家文化中的和谐，很大程度上是建立在遵守伦理等级制度的基础上的，这在古代建筑中多有体现。如北京的四合院住宅，什么位置的房间该由什么等级的人居住，都有严格的规定，不能逾矩，讲求长幼尊卑、等级分明，充分反映了人与人之间的伦理关系。又如古代建筑的屋顶样式，其设计理念也有意识地区别了不同的等级。等级最高的是庑殿顶，其特点是前后左右共四个坡面，交出五个脊，故又称五脊殿或吴殿，只有帝王宫殿或敕建寺庙等方能使用。等级次之的是歇山顶，系前后左右四个坡面，在左右坡面上各有一个垂直面，故而交出九个脊，又称九脊殿或汉殿、曹殿，多用于较为重要、体量较大的建筑上。等级再次之的还有悬山顶（只有前后两个坡面且左右两端挑出山墙之外）、硬山顶（亦是前后两个坡面但左右两端并不挑出山墙之外）、攒尖顶（所有坡面交出的脊均攒于一点）等。

中国古代哲学讲求“天人合一”，“天地与我并存，万物与我为一”（《庄子·齐物论》），“人法地，地法天，天法道，道法自然”（《老子》）。古人认为，人与自然是和谐统一的，并且从根本上来说，人要以自然为师，即师法自然。而要做到这一点，首先便要认识规律，顺应自然。例如，在建筑方位上，中国建筑所崇尚的最好方位就是背山、面水、向阳。古代风水理论认为，山南、水北为阳，山北、水南为阴，或以山东、水西为阳，山西、水东为阴。这种阴阳方位即以大自然为参照系。因此，中国古代乃至远古时期的房屋建筑，大都采用坐北向南，或坐西向东的方位。在建筑形式上，常采用大屋顶，也有其合乎自然之理的实用功能。在园林建筑中，中国园林与欧洲园林最大的区别在于，中国讲究来自“天然之理”的“天然之趣”，追求虽属人工建造，却又宛如天成的“天然图画”。

江南制造局大门

二、近代工程教育的起步与发展

徐寿

中国近代的洋务运动，可以看作是近代中国直接面对西方国家开放的起步，是以购买洋枪洋炮、兵船战舰，学习西方的技术来兴建工厂、开发矿山、修筑铁路、办学堂为主线。洋务派的首领李鸿章曾上书清政府请求，为了培养工艺技术人才，除八股文考试之外，专设一科来选拔人才，并倡导师夷长技以制夷。洋务派也建立了一些人才培养机构，设立了一批翻译馆，翻译西方的专业书籍。

1860 年曾国藩在安庆创办内军械所，该所于 1864 年迁往南京，成为南京金陵机器制造局；1866 年底，李鸿章、曾国藩在上海兴建江南机器制造局，内设翻译馆；同年左宗棠在福建马尾建立了船政学堂。

这一时期有一位非常重要的人物——徐寿，他积极推动西学，招聘了一批西方学者。其中值得一提的是傅兰雅。他们一起翻译了

福州船政学堂

一批工程技术方面的专业书籍。

1874年，徐寿和傅兰雅等人在上海创建了格致学院，翻译了大量的西文教材。这段时间，由于向西方开放的需要，几大城市陆续建立起一批翻译馆，包括北京的京师同文馆，上海的广方言馆，广州的同文馆，新疆的俄文馆，等等。同时随着军事上的需要，特别是海军发展的需要，除了福建马尾船政学堂之外，洋务派又建立了天津水师学堂、武备学堂，江南陆师学堂，湖北武备学堂，等等。与此同时也建立了一批实业学堂，涉及电报、铁路、矿务等领域，培养了近代中国最早的一些工程技术人才。

傅兰雅

这些学堂或者同文馆的毕业生有的升迁，也有的做官，比如说“随使出洋”，或者为升迁出馆，少数人进入了一些学堂再继续担任教习。尽管当时培养出的人才并不完全符合近代工程师、工程设计者的角色定位，但这是中国工程教育学术和技术的发端，在我国历史上意义重大。中国的第一批近代工程师，主要产生于晚清的留美幼童当中。

1. 传播西方工程技术的先驱者

洋务运动期间，李鸿章上书朝廷，建议除八股文考试之外，还应专设一科来选拔工艺技术人才。在这种情况下，中国出现了一批传播西方工程技术的先驱者，徐寿就是其中的一位代表人物。

徐寿（1818—1884），江苏无锡人，清末科学家，中国近代化学的启蒙者。青少年时，徐寿学过经史，研究过诸子百家，常常表达出自己的一些独到见解，因而受到称赞，然而他却未能通过取得秀才资格的童生考试。经过反思，他感到学习八股文实在没有什么用处,毅然放弃了通过科举考试做官的打算。此后,他开始涉猎天文、历法、算学等书籍，准备走科技救国之路。在徐寿的青年时代，我国尚无进行科学教育的学校，也无专门从事科学研究的机构。徐寿学习近代科学知识的唯一方法是自学。同乡华蘅芳是他的学友，他们经常共同研讨遇到的疑难问题，相互启发。

1853 年，徐寿、华蘅芳结伴去上海，拜访了当时在西学和数学上已颇有名气的李善兰。李善兰正在上海墨海书馆从事西方近代物理、动植物、矿物学等书籍的翻译。他们虚心求教、认真钻研的态度给李善兰留下了很好的印象。这次从上海回乡，他们不仅购买了许多书籍，还采购了不少物理实验仪器。回家后，徐寿根据书本上的提示进行了一系列的物理实验。买不到三棱玻璃，他就把自己的水晶图章磨成三角形，用它来观察光的七彩色谱。坚持不懈的自学，实验与理论相结合的学习方法，终于使他成为远近闻名的掌握近代科学知识的学者。

1861 年，曾国藩在安庆开设内军械所，聘请徐寿和他的儿子徐建寅，以及包括华蘅芳在内的其他一些学者参与研制任务。徐寿和华蘅芳眼看当时外国轮船在中国的内河横冲直撞，十分愤慨，他们决心通力合作，制造我国自己的蒸汽机。一无图纸，二无资料，他们仅靠从《博物新编》上看到的一张蒸汽机略图，又到停泊在安庆长江边的一艘外国小轮船上观察了整整一天，经过反复研究和精心设计，以及三个月的辛勤工作，终于在 1862 年 7 月制成了我国第一台蒸汽机，这也成为中国近代工业开端的标志性事件。

蒸汽机试制成功后，1863 年，徐寿、华蘅芳等工程师开始了试制蒸汽动力舰船的工作。当时，清军水师使用的都是帆桨动力的战船，航速慢且易受风向、风力、潮流的影响，远比西方列强的蒸汽动力舰船落后。1864 年，安庆内军械所迁到南京。1866 年 4 月，在徐寿、华蘅芳主持下，南京金陵机器制造局制造出中国第一艘蒸汽动力舰船——“黄鹄号”。“黄鹄号”长 18.3 米，排水量 45 吨，木质外壳，主机为斜卧式双联蒸汽机，每小时可行约 12.8 千米。1868 年，《字林西报》（上海英商办）报道了中国在没有外国帮助的条件下，制造出第一艘蒸汽船“黄鹄号”的消息。

徐寿、徐建寅父子和华蘅芳等人再接再厉，先后在上海江南制造局又设计和制造了“惠吉”“操江”“测海”“澄庆”“驭远”等舰船，从而开创了中国近代造船工业的新局面。

徐寿的次子徐建寅，从小跟随父亲做科学试验，17 岁进安庆内军械所从事科学研究。1900 年，应张之洞的邀请到湖北汉阳钢药厂，他去后几个月就制成并组织生产了我国第一代无烟火药，冲破了洋人对我国的技术封锁。1901 年 3 月 31 日，徐建寅因火药意外爆炸献出了宝贵生命，是我国近代第一位殉难于科技事业的专家。

2. 江南制造局翻译馆与近代工程学的传播

1866 年底，李鸿章、曾国藩要在上海兴建江南机器制造总局，徐寿被派到上海。徐寿到任后不久，根据自己的认识，提出了办好江南机器制造局的四项建议：“一为译书，二为采煤炼铁，三为自造枪炮，四为操练轮船水师。”之所以将译书放在首位，因为徐寿认为，办好这四件事，首先必须学习西方先进的科学技术，译书不仅使更多的人学习到科学技术知识，还能探求科学技术中的真谛，即科学方法和科学精神。

1868 年，徐寿在江南机器制造总局内专门设立翻译馆，总办为冯焌光和沈宝靖，翻译馆除招聘了傅兰雅、伟烈亚力、玛高温等几

徐寿（右）与华蘅芳（中）、徐建寅（左）在江南制造总局翻译馆合影

个西方学者外，还召集了华蘅芳、季凤苍、王德钧、赵元益及徐寿的儿子徐建寅等略懂西学的人才。在30年的译书生涯中，徐寿单独翻译或与人合译西方书籍129部，涉及基础科学（57种）、应用科学（48种）、军事科学（14种）、社会科学（10种）等各方面。其中应用科学的48种里包含制造18种、工程测量10种、医药卫生8种、航海工程5种、农业2种、其他5种；有西方近代化学著作6部63卷，包括《化学鉴原》《化学鉴原续编》《化学鉴原补编》等。

《化学鉴原》书影

化學鑑原

儀徵諸炳星署耑

中国近代很多重要的工程学著作皆由傅兰雅译入，他是在华外国人中翻译西方书籍最多的人。1867年下半年到1868年上半年，傅兰雅等人共译出西书4种，即《汽机发轫》《汽机问答》《运规约指》和《泰西采煤图说》，首次全面系统地介绍西方机械、矿冶技术，成为我国最早出版的一批工程学书籍。

1874年，为了传授科学技术知识，徐寿和傅雅兰等人在上海创建了格致书院。这是我国第一所传授科学技术知识的学校。它于1879年正式招收学生，开设矿物、电务、测绘、工程、汽机、制造等课目，同时定期举办科学讲座，讲课时配有实验演示，收到较好的教学效果，为我国兴办近代科技和工程教育起了很好的示范作用。在格致书院开办的同年，徐寿等人还创办发行了我国第一种科学技术期刊——《格致汇编》，该期刊实际出版了 7 年，介绍了大量西方科学技术知识，对近代西方科学技术知识在中国的传播起到了重要作用。

京师同文馆大门

除江南制造局翻译馆外，京师同文馆的建立也对近代早期工程教育起到促进作用。1860 年，清政府成立总理各国事务衙门，作为综合管理洋务的中央机关。两年后，设立同文馆，附属于总理衙门，同文馆设管理大臣、专管大臣、提调、帮提调及总教习、副总教习等职。总税务司英国人赫德任监察官，实际操纵馆务。先后在馆任职的外籍教习有包尔腾、傅兰雅、欧礼斐、马士等人，中国教习有李善兰、徐寿等人。美国传教士丁韪良自 1869 年起任总教习，历 25 年之久。

3. 福州船政学堂与本土工程师的培养

1866 年 6 月，闽浙总督左宗棠在福州马尾设置船政局，同时附设船政学堂。1867 年初，福建船政学堂正式开学，成为我国近代第一所专门的工程教育机构。学堂分为制造学堂和驾驶学堂，制造学堂又称“前学堂”，使用法语授课，又分为造船学校、设计学校和学徒学校，三个学校的培养目标分别是“使学生能依靠推理、计算来理解蒸汽机各部分的功能、尺寸，因而能够设计、制造各个零件，使他们能够计算、设计木船船体，并在放样棚里按实际尺寸划样”、“培养称职的人员，能绘制生产所需要的图纸”和“使青年工人能够识图、作图，计算蒸汽机各种形状、部件的体积、重量，并使他们达到在各自所在车间应具有的技术水平”。驾驶学堂又称“后学堂”，使用英语授课，分航海学校和轮机学校，航海学校的课程包括算术、几何、代数、直线和球面三角、航海天文、航海技术和地理等，轮机学校的学习目标是指导学生掌握蒸汽机的理论和实践知识，并组织他们进行实际操作。[1]

福州船政学堂前后办学 47 年，毕业生共 637 人，为近代中国培养了一大批造船专家和海军指挥人才，也培养了一批掌握近代军事工程技术的专门人员，客观上推动了近代军事工程的起步。福州船政学堂建立后，天津水师学堂、天津武备学堂、江南陆师学堂、湖北武备学堂等相继建立，它们大多聘请国外工程师任教，教授近代军事和机械工程知识。据不完全统计，当时为发展军事而成立的此类学堂共有 14 所之多。

此外，19 世纪 70 年代后，全国各地还出现了各种实业学堂，如电报、铁路、矿物学堂等。从京师同文馆到福州船政学堂，再到各种实业学堂，中国近代的工程教育、学术和技术渐渐开始发端，但在这个过程中，尚未产生真正意义上的职业工程师。学习“技术”和“实业”更像是他们步入仕途的敲门砖。以京师同文馆为例，该馆毕业生“升途”或为“随使出洋”，或为“升迁出馆”，少数进入天津武备学堂、天津电报局等机构担任教习。之后的军事学堂也都类似，毕业生基本服务于南洋、北洋各舰。各实业学堂所培养的技术人员更偏向于技术工人，不符合近代工程师作为“工程的设计者”的角色定位。尽管如此，这些新式学堂在传播近代工程学及培养工程技术人员方面仍功不可没。知识、技术的传入与工程技术人员的培养为近代职业工程师群体的出现做好了准备。

4. 留学生与中国近代工程师培养模式

洋务运动期间，派遣留学生被当作培养近代军事和科技人才的一个重要途径。对于中国近代工程建设来说，留学生群体所发挥的作用和影响更大。中国第一批近代工程师产生于晚清留美幼童当中。

1　王列盈. 福州船政学堂与中国近代高等工程教育起步 [J]. 高等工程教育研究，2004(4):74-77.

他们最早走出国门，接受系统的西方工程学教育，成为中国近代工程事业的先驱。

提到晚清留美幼童，就不得不提到一位重要的近代教育家——容闳。容闳（1828—1912），广东香山县（今中山市）南屏村（今珠海市南屏镇）人，中国近代著名的教育家、外交家和社会活动家。容闳毕业于美国耶鲁大学，是中国留学生事业的先驱。他建成了中国近代第一座完整的机器厂——江南机器制造总局，组织了第一批官费赴美留学幼童，在中国近代西学东渐、戊戌变法和辛亥革命中，都做出了不可磨灭的贡献。

1872 年，总理衙门从各地挑选了 30 名幼童，在监督陈兰彬和容闳的带领下赴美。此后，其余 90 名幼童也陆续奔往太平洋彼岸。这批留美幼童进入美国之后，表现非常优秀。耶鲁大学校长朴德（Noah Porter）曾经致信总理衙门称："贵国派遣之青年学生，自抵美以来，人人能善用其光阴，以研究学术。以故于各种科学之进步，成绩极佳。"经过一段时间的学习，他们大多在美国的中学毕业，并进入大学。例如詹天佑入耶鲁大学土木工程系学习铁路工程；欧阳赓入耶鲁大学学机械工程；吴仰曾入哥伦比亚大学学习矿冶；梁如浩考入麻省斯蒂文工学院；吴应科、苏锐钊进入纽约州的瑞沙尔工学院。

随着时间的推移，留美幼童逐渐融入美国社会。清政府与留美幼童的矛盾日趋尖锐，再加上美国朝野又出现排华潮，内外夹攻之下，1881 年 6 月清政府决定全部撤回留美幼童。在清政府的强迫下，除以前因事故撤回及在美病故 26 名外，94 名留美幼童不得不于 1881 年 8 月陆续回国。虽然未能按照原定计划留学 15 年，但留美幼童在美期间接受了较为完整和严格的西方近代科学训练，他们的科学知识和素养很快就在国内各个行业中得到体现。

留美幼童归国后很快在外交、军事、经济各领域发挥着重要作用，这其中包括后来担任过外交总长的梁敦彦、曾任内阁总理的唐绍仪、曾用英文撰写《唐诗英韵》的蔡廷干。不过贡献最大的还是在矿冶和铁路等近代工程事业方面，詹天佑就是其中的代表。

据统计，留美幼童返国后，主要从事近代实业的有 50 人，将近

晚清早期赴美留学幼童临行
前在轮船招商总局门口合影

1905 年“中国首批官派留美幼童”部分人员合影

占到总人数的一半。其中从事交通运输者 20 人，有交通总长 3 人、铁路局长 4 人、铁路工程师 7 人、在铁路系统从事其他工作的 6 人；从事工商企业者 14 人，有矿业工程师 6 人、经营商业者 8 人；从事电信事业者 15 人，有电报局官员 7 人、在电报局工作的 8 人；从事军事工业者 1 人，在兵工厂担任秘书。这 50 位留美幼童怀揣“科技救国”和“实业救国”的理想，用自己扎实的专业知识和忍耐坚毅的精神，传播西方的先进技术，在很大程度上填补了中国走向近代化的人才空缺，得到了社会和政府的认可和重视。数十年以后，他们大多成为铁路、矿山、工厂、企业等经济建设部门的开创性人物或技术骨干。

“幼童留美计划”虽然半途而废，但它的影响和意义深远，堪称“中华创始之举，抑亦古来未有之事”。而关于留美幼童历史地位的评价，历来说法不一。洋务运动期间，一些改良主义思想家评价甚高；而一些封建官吏多持批评态度。不过，随着历史的发展，留美幼童的社会作用渐次地显现出来，特别是他们对中国近代工业发展的重要意义为更多的人所认识。

留美幼童之后，中国学生赴美留学虽未间断，但数量却极有限。直到 1908 年庚款留美生的大量选派，留美高潮才开始出现。1900 年，美国通过《辛丑条约》从中国获得了大笔赔款，史称“庚款”。后经过交涉，美国的一些议员出于在华长远利益考虑，提出退还大部分“庚款”，作为中国向美国派遣留学生的经费。1908 年 5 月，美国国会正式通过议案，决定从 1909 年到 1937 年，逐年拨款资助中国赴美留学生。

1909 年，选拔出的第一批庚款留美生 47 人搭船赴美留学，揭开了中国近代庚款留学的序幕。为了更好地选拔和培训留美生，游美学务处于 1911 年创办了清华学堂，作为赴美留学的预备，各省选拔的学生先入清华学堂学习预科，通过考试后方能赴美留学。据统计，1909 年至 1929 年间清华学堂工程科目留美学生的人数为 404 人，在留美人数中占比 31.3%。在早期庚款留美生中产生了很多近代工程师，他们在美接受了良好的工程学训练，成为继詹天佑、颜德庆等人之后的中国第二代工程师，代表人物有胡刚复、秉志、徐佩璜、周仁、胡博渊等。他们回国后成为中国近代各专门工程学科的先驱。

除了留美学生外，留日、留欧学生当中也产生了一批杰出的近代工程师。1896 年，清政府派唐宝愕等 13 名学生赴日，揭开了近代中国学生赴日留学的序幕。初期的留日学生所学专业恰恰与留美生相反，以军事和法政科居多，理工科极少。这种状况迫使清政府在官费支持上作出调整。1908 年 3 月，学部开始限制法政科留日学生人数。同年 12 月明确规定：“凡官费出洋学生，一律学习农工格致各项专科，不得任意选择……自费生考入官立高等以上学校改给官费者，以习农工格致医四科者为限。”自此，修读理工科专业的留日学生逐渐增多，为培养中国工程师创造了条件。

中国近代留学欧洲起始于 1875 年，那年福州船政局派遣技术人员随日意格（Prosper Giquel）到欧洲参观学习。较大规模的官派留欧学习是福建船政学堂派遣的学生，但其人数也不过数十名，学习的专业主要是轮船的驾驶和制造。留学生回国后，大多分配在海军和兵工厂工作，为海军的近代化和新式武器的制造做出了贡献。例如 1875 年赴法国马赛学习的魏瀚，回国后进入福州船政局，与杨廉臣、李寿田等人合作，刻苦钻研，终于制造出了中国人自行设计的当时国内最大的一艘巡洋舰——“开济号”。

5. 中国工程师学会的建立

晚期洋务运动期间，清政府设立了制造局、船政局，以及织造、火柴、造纸等工厂，并开发煤矿，建造铁路，开创了近代中国的工程事业。但其中大多为政府经营组织，工程技术人员也多是外国人。1905 年，詹天佑主持京张铁路建设，开创了中国人主持工程建设的先例。1911 年以后，中国开始了教育改革，逐渐引入西方工程技术教育体系，培养了一批自己的工程技术人才。而此时留学生回国人数也不断增加，形成了中国近代工程技术人才队伍。为满足工程技术人员学术交流的需求，相应的学术组织也逐渐产生。

1912 年 1 月，主持粤汉铁路工程建设的詹天佑在广州发起成立“中华工程学会”。接着，颜德庆、吴健等人在上海发起成立“中华工学会”，徐文炯、徐士远等人在上海成立铁路“路工同人共济会”。这三会名称虽有不同，但宗旨相似，且都推选詹天佑为会长或名誉会长。不久三会合并，改名为“中华工程师会”，詹天佑为首任会长。学会设在汉口，有会员 148 人。1914 年改名为“中华工程师学会”，并迁址到北京。

为了加强学术交流，跟踪国内外最新科技动态，詹天佑还在学会内创办了《中华工程师会会报》。同时，他还积极传播科技知识，支持和鼓励“中华工程师学会”出版科技书籍。他自己身先士卒，先后编著《新编华英工学字汇》《京张铁路工程纪略》和《京张铁路标准图册》等科技著作。甚至在临终之际，仍念念不忘“中华工程师学会”，恳请当时的政府给予大力支持，他说：“中华工程师学会被举谬充会长，曾上书请提倡奖励。窃谓工程学会影响于中华实业至要且宏，兴国阜民，悉基于此，仍恳不弃，有以振奋而发扬之。”作为当时中国唯一的工程学术团体，“中华工程师学会”吸引了很多工程界人士加入，是一个真正意义上的近代科技学术团体。而詹天佑的不懈努力也对学会的早期发展起到了至关重要的作用。学会总部迁至北京后，还争取到一些政府官员和其他社会人士的资助，其社会影响力得到进一步提升。“中华工程师学会”在整合国内工

1916 年的《中华工程师学会会报》

程技术人才、推动工程科学的研究与交流方面，具有开创性意义。[1]

1917 年，20 余位留美学者和工程技术人员在美国康奈尔大学成立了“中国工程学会”，后又迁往纽约，有会员 84 人。数年后迁回国内，在上海建会。1923 年有会员 350 余人，1930 年会员增至 1500 余人。1931 年 8 月，“中华工程师学会”与“中国工程学会”合并，成立了“中国工程师学会”，并确定 1912 年 1 月 1 日为创始日，会址设在南京。

“中国工程师学会”首任会长是韦以黻，此后，颜德庆、萨福均、徐佩璜、曾养甫、翁文灏、茅以升等人都曾任会长。学会最初有会员 2 169 人。在 50 余个地区设立分会。该会宗旨为：联络工程人员，研究工程学术，协力发展中国工程建设。学会出版会刊《工程》。

民国时期，“中国工程师学会”是中国最具有号召力的工程师职业社团和工程学术团体。该学会于 1933 年提出的《中国工程师信守规条》，成为最早的中国工程师职业伦理守则，其内容体现了特定历史时期中国工程师职业团体的伦理意识，包含以下 6 条准则：① 不得放弃或不忠于职务；② 不得收受非分之报酬；③ 不得有倾轧排挤同行之行为；④ 不得直接或间接损害同行之名誉或者业务；⑤ 不得以卑劣之手段，竞争业务或者位置；⑥ 不得有虚伪宣传或者其他损职业尊严之举动。

这 6 条准则都是以禁止不当行为的方式，提出了工程师对于客户或雇主、同行以及职业所负有的责任。世界公认的最早的两个职业工程师伦理守则——AIEE 和 ASCE 伦理守则，是 1920 年代由美国以及其他国家职业工程师社团制定的，而中国工程师学会 1933

1 王斌. 中华工程师学会的创建与发展 [J]. 工程研究 – 跨学科视野中的工程，2012，4(2):205–211.

年初次制定的伦理守则，正是以上述两个守则为参考范本。

6. 中国现代大学制度与工程教育体系的雏形

中国近代工程教育始于晚清，主要是以洋务运动中兴办的各种西式学堂为载体，而真正意义上的高等工程教育始于中日甲午战争以后的北洋大学。1895 年，时任津海关道的盛宣怀，通过直隶总督王文韶上书光绪皇帝，申请设立天津中西学堂，主要培养工程技术人才。当年 10 月，“天津中西学堂”（亦称北洋西学学堂、北洋大学堂）招生开学，该学堂设立头等学堂（相当于大学本科）和二等学堂（相当于大学预科），其中头等学堂设立了法科和土木工程、采矿冶金、机械工程三个工程类学科，这是中国近代史上第一所高等学校，也是中国现代大学制度建立的起点。

近代中国动荡的环境使学堂建成后校名更替频繁，达 16 次之多，其中包括：天津中西学堂（1895）、天津北洋西学学堂（1895）、天津大学堂（1896）、北洋大学堂（1902）、北洋大学校（1912）、国立北洋大学（1914）、北平大学第二工学院（1928）、国立北洋工学院（1929）、国立西安临时大学（1937）、国立西北联合大学（1938）、国立西北工学院（1938）、私立北洋工学院（1942）、国立北洋工学院（1942）、北洋工学院西京分院（1944）、国立北洋大学（1946）、天津大学（1951）。但国内外还是通称其为北洋大学。

北洋大学建校伊始就明确了

北洋大学堂旧址

"兴学救国"的创办宗旨，以"工业救国"为己任，其创立的三个工科专业在1895年都招收到学生。1897年，增设铁路专科，1898年，又设铁路学堂。1912年以后，北洋政府统治中国，北洋大学的地位得到进一步提高。1914年，当时的教育部颁布全国大学教育新体制，北洋大学和北京大学、山西大学被列为中国最早的三所国立大学。1917年，北洋大学与北京大学进行院系调整，北大以文理科为主，北洋大学以工科为主，北洋大学的法科全部调往北大，北大的工科各系迁往北洋大学，北洋大学成为以工科为特色的著名学府。北洋大学在清朝末年（1895—1911）培养的本科毕业生和肄业生共379人，其中出国留学者57人，法科13人，俄文班14人，师范班69人，各工科学生226人。毕业生当中有一批成为后来的著名人物，如王宠惠、王宠佑、秦汾、温宗禹、张伯苓、马寅初、李晋、王正廷等。

1896年，盛宣怀在上海创办南洋公学。盛宣怀创立北洋、南洋两校的意图很明显，出于分工布局的考虑，北洋着重培养工程技术人才，而南洋则应为培养政治家的摇篮。但是后来南洋的办学目标也发生了变化，一是受到实业救国的影响，二是上海当时地处富庶的江浙地区中心，是中国对外贸易的主要口岸，接触西方频繁，需要工程人才。又由于学校办学大权是由董事会决定的，要考虑捐款各商家的利益，因此南洋公学逐渐转变，开设了商科、航海、轮机、电机四科，成为以工、商科为主的大学。南洋公学也经历过多次改名，归属也多次变更。最初隶属邮政部，至民国时期，邮政部改为交通部，南洋公学便归交通部管辖，后更名为"交通部上海工业专门学校"。随后民国交通部将多所学校合并（含交通部上海工业专门学校），成立了交通大学。

盛宣怀

当时其他少数学校如山西大学、唐山路矿学堂，也有工科高等教育，但规模和质量

远不及北洋、南洋。创建于1896年的山海关北洋铁路官学堂，也是近代中国早期创办的工程学院之一，后迁到唐山，更名为唐山路矿学堂，成为中国近代交通、矿冶、土木工程教育的发源地。该校校名几经更改，先后有交通大学唐山学校、交通部唐山大学、唐山交通大学、交通部第二交通大学、交通大学唐山土木工程学院、交通大学唐山工程学院之称，但此后习惯上称之为“唐山交通大学”。1971年该校迁往四川，更名为西南交通大学。

此外，当时的清朝政府还建立了一些大学堂，包括1893年在武汉建立的自强学堂，1898年在北京建立的京师大学堂，1901年在山西建立的山西大学堂，以及1902年在陕西建立的陕西大学堂。同时，另一种形式的大学也开始出现，比如1907年由德国医生宝隆创办的同济德文医学堂。1909年庚款留学开始，为了更好地选拔和培训留学生，游美学务处于1911年创办了清华学堂。1912年与创办不久的同济德文工学堂合并，更名为同济德文医工学堂。这些大学有的以文科为主，也有一些以理科为主，而其中已有相当一部分设立了工科。如1916年建立的东南大学，在创建伊始就设立了工科。我国的工程教育在这个阶段实际上已经进入了现代大学的发展阶段，这些学校里面工科的骨干师资力量大多是从欧美、日本等国归国的留学生，培养了我国最早的一批工程技术人才。

从清朝末年一直到民国时期，国家培养的这批工程技术人才，在抗日战争时期发挥了重要的作用。1938年，当时的国民政府以抗战与建国为号召，着力对高校体系进行了改革与再调整，尤其对直接服务于抗战的工程师教育实施了显著的倾斜政策，加大了对工程师教育的支持力度。因此在抗战期间，工程师教育的规模取得了较大发展。尤其在兵工、机械、探矿、路桥等领域，为全国抗战的胜利做出了突出贡献。同时，作为高等工程教育的分支，教会学校也培养了一些工程技术人才。

在老解放区最早创建的高等理工学校是延安自然科学院，于1940年9月成立，主要是适应抗战和边区建设需要，设机械、化工、农学系，教学要求基础理论与实践相结合。延安自然科学院1948

南洋公学（上海交通大学前身）校门

同济德文医工学堂

清华学堂旧影

延安自然科学院

京师大学堂译学馆中外教师合影

年与北方大学工学院合并增设电机系，后发展为北京工学院。新中国成立前夕，东北解放区最先着手高等教育整顿和建设工作，当时的哈尔滨工业大学、大连工业大学、沈阳工学院等都作了调整扩充，继而推动各地高等教育的发展。

7. 战火中的高校西迁

全面抗战爆发后，我国的高等教育经历了空前的浩劫，短短一年内，全国108所高校中有94所遭日军破坏，损失惨重。在国破家亡的民族生死关头，为了保住中华教育的精髓，让传统文脉得以延续，并使无校可归的师生们不致失学或受奴化教育，在大批难民和工矿企业纷纷内迁西南腹地的同时，濒于战火的几十所高等院校也进行了历史上罕见的大迁移。这一高校西迁大行动，几乎与整个抗日战争相始终，前后持续长达八年之久。在交通不便、经费匮乏的战争年代，政府主管部门和各高校当局必须自己筹备经费，筹划搬迁的交通路线、地点，并新建校舍。西迁行动使得中国高等教育并未因战火的摧残而中断，反而稳步前行。截至1944年，仅在大后方就有高校145所，教员11 201人，学生78 929人。当然，战争对于教育质量的影响仍是不可避免的。校舍严重短缺，迁移来的设备大都残破不全，图书资料在战火中大量损毁，并且由于战争的阻绝，使得学术界几乎处于与世隔绝的境地。尽管如此，苦难和困境中的人们并没有失去希望。即使校舍被占领或破坏，学生与教师都过着颠沛流离的生活，民族精神与求知热情却在敌人的炮火中变得更加炽热。抗战期间的高校西迁无疑是一个壮举，也在中国教育史上写下了悲壮的一页。

（1）西南联合大学

抗战爆发后，北平、天津相继沦陷。1937年8月19日，北大、清华、南开三校管理层与教育部协商南迁事宜。9月10日，教育部命令三校联合组成国立长沙临时大学，当时的教育部长王世杰兼任筹委会主任，北大校长蒋梦麟、清华校长梅贻琦、南开校长张伯苓任筹委会常务委员，负责领导全校的南迁工作。1938 年 1 月 19 日，由于战火蔓延，政府批准长沙临时大学西迁昆明。同年 4 月，将国立长沙临时大学更名为“国立西南联合大学”。

三所大学合并而成的西南联大有文学院、法商学院、理学院和工学院四个学院共十七个系。其中，以清华工学院为基础，加上南开大学的原有科系，组成了长沙临大和西南联大的工学院。长沙临大工学院设有土木工程学系、机械工程学系、电机工程学系（以上均为清华原系，电机工程学系有南开部分教师参加）、化学工程学系（南开原系）。1938 年 7 月遵教育部令，以机械工程学系航空组为基础，增设航空工程学系，1939 年 2 月又增设电讯专修科，形成工学院的五系和一专修科，即土木工程学系、机械工程学系、电机工程学系、航空工程学系、化学工程学系和电讯专修科。1942 年工学院的学生多达 784 人。

当时这三所国内著名高校，为了教育的根本，开启了艰辛的南迁之路，也堪称中国高等教育的一次“长征”。其中，“湘黔滇旅行团”就是从常德出发，徒步到昆明的师生群体，他们走过的路是南迁中最艰难的一段。1938 年 4 月 28 日，旅行团 284 名师生抵达昆明，受到校长梅贻琦热烈欢迎，他们用实际行动诠释了西南联大“刚毅坚卓”的校训。

初到昆明，联大主要靠租借民房、中学、会馆分散上课。校长梅贻琦邀请著名建筑学家梁思成、林徽因夫妇为联大设计校舍。由于缺乏经费，半年后根据他们的第五稿设计，一幢幢低矮简陋的茅草房出现在校园之中。同样匮乏的还有教学设备，这使得教师们不得不改为野外实地教学。如袁复礼教授曾带领助教和学生分别前往西昌彝族区和四川云南一带，普查沿途矿产资源，采集地质标本。1938 年土木工程系与资源委员会合作，组成“云南省水利发电勘测队”。经过两年的勘测，提出了初步的水利资源开发计划，并设计了一批小型水电站。

长沙临时大学时期有 295 名学子从军，西南联大时期有 832 人参军，共计1 100多人，比例高达14%。1944年6月18日，在湖南芷江的空军第五大队的校友戴荣钜，驾驶飞机掩护轰炸机轰炸长沙，途中与敌机遭遇，不幸坠机。驻防陕西安康的空军第三大队的校友王文，1944年8月在保卫衡阳战役中与敌机作战时殉国。校长梅贻琦的独子梅祖彦加入中国远征军，他对火焰喷射器的准确翻译，使其在缅北战场上发挥了重要作用。在远征军的联大学生兵中，还有后来被称为“世界光导纤维之父”的中国科学院院士黄宏嘉。

抗战胜利后，西南联大解散，三校各自北归复校。在联合建校期间，学校培育了2位诺贝尔奖获得者、8位“两弹一星功勋奖章”获得者、171位两院院士。包括吕保维（1916—2004），江苏常州人，1939年西南联大电机工程系毕业，电波传导学家，美国哈佛大学博士（1947）；林为干（1919—2015），广东台山人，1939年西南联大电机工程系毕业，1941年任西南联大电机系教员，微波理论学家，美国伯克利加州大学博士（1950）；吴仲华（1917—1992），上海人，1940年西南联大机械工程系毕业，工程热物理学家，美国麻省理工学院博士（1947）；常迵（1917—1991），北京人，1940年西南联大电机工程系毕业，无线电工程专家、信息科学家，美国哈佛大学博士（1947）；李敏华（1917—2013），江苏苏州人，1940年西南联大航空工程系毕业，固体力学家，美国麻省理工学院博士（1948）。

（2）西北联合大学

1936年，中国历史上第一条穿越秦岭的现代公路，从西安到汉中的西汉公路正式开通。工程师张佐周承担起从留坝到汉中80公里的测绘与施工。张佐周毕业于天津北洋工学院，不曾想他呕心沥血修筑的公路却为此后母校内迁汉中提供了方便。

1937年，北平大学、北平师范大学、北洋工学院和北平研究院奉命迁至西安，组成西安临时大学。不久，陕西门户潼关告急，刚刚落脚的西安临时大学不得不内迁汉中。据资料统计，1937年底，西安临时大学共有学生1 472人，教职工316人。

1938年，学校改名为国立西北联合大学。全校共设6院23个系，由原北平大学校长徐诵明、北平师范大学校长李蒸、北洋大学校长李书田等组成校务委员会。1938 年 7 月，改组为国立西北大学、国立西北工学院、国立西北师范学院、国立西北农学院和国立西北医学院五所独立的国立大学。其中西北工学院由原国立西北联合大学工学院、焦作工学院、东北大学工学院合组而成。该校设在陕西固县古路坝，设土木、电机、化工、纺织、机械、矿冶、水利、航空八个系，后又迁至咸阳。1946 年初，西北工学院大部分师生返回天津，与泰顺北洋工学院、北洋工学院西京分院及北洋大学北平部等合并复校，并复名为国立北洋大学。焦作工学院返回河南复校，部分教师仍留在当地担任西北工学院教师。

（3）上海交通大学

上海交通大学是我国最早建立的高等学府之一，前身为洋务重臣盛宣怀创办的南洋公学。抗战爆发后，交通大学在上海的校舍遭到严重破坏，师生们只能暂时栖居在法租界上课。1940 年，在重庆的交大校友以上海方面情况日益恶劣为由，提请教育部在重庆设立交大的分校。但是由于重庆市区内房屋紧张，交大只好借用当地小龙坎无线电厂的一部分厂房作为校舍。上海的一些流亡学生来到重庆后，暂时设立机械和电机两个班。在经费方面，政府只负担日常费用，其他费用只能由交大校友自己募集。

1941 年，交通部以扩展后方建设为由，下令扩大原有的两个班。经过交大同学会向政府提请，借用九龙坡新建的训练所房屋作为交大的校舍。与此同时，太平洋战争爆发，上海公共租界被日军侵占，教育部将交大的重庆分校改为交通大学，并任命吴保丰（美国密歇根大学硕士）为校长，并陆续增加了土木、航空等十几个科系，在重庆的交大已经初具规模。

1942 年，捐建的校舍完工，重庆交大正式建立。尽管战争浩劫使得学校总体学术水平有所下降，但是当时交大的师资力量仍不容小觑。其中正副教授 28 人，大都是刚从欧美留学归来的年轻学者，平均年龄只有 37 岁左右，讲师平均年龄 32 岁左右。他们不仅年富力强，且把当时世界上的新知识、新技术带回国内，所讲授的课程内容大都紧跟世界最新趋势。

抗战期间，虽然师生们颠沛流离、几度搬迁，但也是学校建立以来人才培育成果最为丰硕的时期。如后来成为中国科学院、中国工程院院士的张沛霖、余畯南、林秉南、肖纪美、徐采栋、邱竹贤、陈能宽、庄育智、谭靖夷；“两弹一星功勋奖章”的获得者姚桐斌、陈能宽；国家工程勘察设计大师余畯南、胡惠泉等等。1943 届毕业生中，仅矿业系一个班便出了三个院士（肖纪美、徐采栋、邱竹贤）。抗战胜利后，交大迁回上海徐家汇原址，继续为国家培养一批又一批理工科人才。

（4）同济大学

同济大学的前身是 1907 年德国医生埃里希 · 宝隆在上海创办的德文医学堂，翌年改名同济德文医学堂。1912 年与创办不久的同济德文工学堂合称同济德文医工学堂。1917 年由华人接办，先后改称为同济医工学校和私立同济医工专门学校。1923 年定名为同济大学，1927 年成为国立大学。1937 年抗日战争爆发后，同济大学经过六次搬迁，先后辗转沪、浙、赣、桂、滇等地，1940 年迁至四川宜宾的李庄古镇坚持办学。

战争伊始，同济大学已撤至吴淞，后因校舍遭到战火的严重破坏，决定内迁。先至浙江金华，在那里度过了短暂的两个月。由于日机不断空袭，1937 年 11 月 12 日，学校决定迁校至江西赣州和吉安。1938 年 7 月，九江危急，同济开始第四次迁校，工学院从赣州迁往广西贺县八步镇。10 月下旬，在当地一所中学正准备复课时，日军进攻华南，广州沦陷，广西不保。1938 年冬，学校决定迁往昆明。这次分为两路，一路是女同学、患病学生和教职员工，他们乘汽车经柳州、南宁到龙川。另一路是男同学组织的步行队伍，翻山越岭到达南宁后乘船至龙川。两路人马在龙川会合后，再乘汽车经凭祥出镇南关，过越南到达昆明。工学院初迁昆明时，设有机电、土木、测量三个系和造船组。1940 年机电系分拆为机械和电机两系，工学院发展为4系1组，是全校规模最大的学院。

在昆明两年间，尽管条件非常艰苦，但师生们仍勤教勤学，保持严谨求实的学风。1939年、1940年两届共有126名毕业生，其中不少后来成为我国机械、造船、土木、电机、测绘领域的骨干。如陶亨咸、朱洪元先后当选为中国科学院学部委员（院士）。其他较为著名的工程师有程望（1916—1991），1940年工学院造船系毕业，曾任交通部副部长，中国船舶工业总公司副董事长；戚荣普（1916—1967），1939年工学院机械工程系毕业，历任上海汽轮机厂设计科长、总设计师、副总工程师等职，负责新中国第一台6 000千瓦汽轮机试制；杨长骥（1916—2003），1940年工学院机械工程系毕业，中国起重机行业创始人之一，大连理工大学机械系建系元老之一。

1940年秋，日军对昆明的空袭日益增多，当时中国唯一的一条国际运输线——滇缅公路也被切断，同济师生不得不考虑第六次迁校。10月，学校迁至四川李庄，经过一段时间的休整，同济工科的师资、生源、硬件设施和实习环境都得到了一定的恢复和发展，并汇集了叶在馥、夏坚白、王之卓、陈永龄、叶雪安、倪超、杨楠、黄席椿、朱木美、吴之翰、石声汉、波兰籍教授魏特等大批学术精英。1944年冬，日军进犯贵州独山，国民政府提出了“一寸山河一寸血，十万青年十万军”的口号，学校中以工科教授杨宝林为首的364名师生从军，奔赴抗日前线。

在如此艰难的西迁时期，同济师生秉持同舟共济的精神，竭尽所能保障教学工作的开展，沿途招生，为祖国输送了大批军工机械人才。如王守武，1919年生，1941年毕业于工学院机电系，半导体器件物理学家，1980年当选为中国科学院学部委员（院士）；张浩，1920年生，1944年工学院土木系毕业，北京市建筑设计研究院副院长、副总工程师，人民大会堂结构设计负责人之一；高时浏，1915年生于福建福州，1941年毕业于工学院测量系，到达北磁极的第一位中国人，测量学家、教育家；吴几康，1918年生于上海，1943年工学院机电系毕业，计算机专家，指导成功研制中国第一台“104”型计算机，对创建和发展中国计算机事业做出了重要贡献。

三、新中国成立后的工程教育

1. 新中国成立后十七年工程教育的发展

1949 年到 1952 年，新中国的高等教育实现了由半殖民地半封建的旧式教育向民主的、科学的、大众的新民主主义教育的根本性转变。新中国成立后，人民政府首先接管的是原国民政府留下的公立学校。这些公立学校加上老解放区原有的学校和迁进城市的学校，成为人民政府最早接管的一批骨干学校。而我国政府对私立高等学校的接办，则开始于教会大学。

1950 年 10 月，主办辅仁大学的天主教会以减少补助经费为由，向政府提出无理要求。经中央人民政府批准，教育部明令将辅仁大学接收自办。1951 年，人民政府接管辅仁大学，1952 年将其并入北京师范大学。当时，大多数教会学校都由美国提供经费，数量占高等学校的 25%，中等学校的 50%，初等学校的 25%。至 1951 年底，政府将此类教会学校全部收回自办，坚决、彻底地收回了教育主权。

据中国科学院估算，当时散居海外的中国科学家大约有 5 000 余人，到 1956 年底，有 2 000 余名科学家陆续返回大陆。新中国的建设，急需工业及基础工程的理工类人才，而当时的高校布局遗留问题较多，高等工业院校数量偏少，专业设置不齐全。以 1947 年为例，在全国 207 所高等学校中，高等工业院校有 18 所，约占总数的 8.7%；综合大学中设有工学院或工程科系的有 42 所，在校的工科大学生共计 27 500 多人，约占全国大学生总数的 17.8%，与此相对的政法科系等文科学生占大学生总数的 24.4%。为了适应国家建设的需要，改变旧中国高等院校缺乏通盘规划、地区分布不均、专业设置不合理的现况，从 1951 年底到 1953 年，教育部对全国高等院校进行了院系调整。此外，如果说之前的工程教育模式，在很大程度

院系调整期间的宣传条幅

上沿袭了英美的教育体系，那么在新中国成立以后确定的工程教育方针中，则是以推崇、实行苏联五年制教育制度的新型多科性工业大学为目标。

1951 年 11 月，教育部召开全国工学院院长会议，提出工学院调整方案，开始了全国范围内有计划、有重点的院系调整工作。调整的方针是以培养工业建设人才和师资为重点，发展专门学院，整顿和加强文理综合大学。1952 年下半年，分别以东北、华北、华东、中南地区为重点，开始高等学校的院系全面调整。从 1949 年底开始到 1955 年，我国的高等学校在院校类型、专业设置和地区布局上发生了重大变化，尤其是高等工程教育的变化十分明显。

院系调整通过成立或改组多科性的高等工业学校和高等工业专门学校，扩大了工科学校的数量和比例，促进了高等工程教育的发展。1953 年，在全国 181 所高等学校中，高等工业院校达到了 38 所，约占总数的 21%。原有高校经过调整后，部分学校被撤销建制，其中以私立大学居多；部分学校保持原有校名，但学校性质和结构发生了变化。比如北京大学工学院和燕京大学工科各系并入清华大学，而清华大学的文、理、法三学院，及燕京大学的文、理、法各系并入北京大学。如此，清华大学就成为了多科性工科大学，而北京大学成为了文理科综合大学。经过院系调整，新中国高等院校的格局基本确定，即分为综合大学和专门学院、专门学校两大类。综合大学与多科性高等工业学校由高等教育部直接管理，单科性高等院校委托中央有关业务部门负责管理，部分高等学校则委托所在地的大区行政委员会或省、直辖市、自治区人民政府负责管理。

1959 年的同济大学

在高校专业设置方面，紧密结合当

清华大学

时国家建设的实际需求。至 1953 年初，全国高校共设置专业 215 种，其中工科 107 种，理科 16 种，文科 19 种，财经类 13 种，政法类 2 种。国家迫切需要的科系及专业得到加强，尤其是工科专业，在整个高等教育专业中的数量和比例大大增加，几乎占据了主导地位。

院系调整以后，工科院校毕业的学生，迅速投入到我国的社会主义现代化建设中，成为各行各业的骨干，用实际行动证明了工程教育的巨大作用，为我国的经济发展做出了重大贡献。同时，在更深层次上改变了我国高校重文轻工的状态，改变了中国几千年历史上，人们重伦理道德，轻实用技术的观念，对我国高等工程教育和国民经济的发展发挥了重大作用。在此阶段，中国工程教育仍是以从欧美、日本等国学成归国的留学生，以及他们早期培养的一批学生为主要师资力量，其他师资还包括一批苏联专家和留学苏联、东欧的归国科技人才等。

北京大学

1958 年以后，工程教育教学师资队伍发生了重大变化，形成了以新中国成立后毕业的中青年教师为骨干的高等工程教育师资队伍。尤其在 1962 年后，中苏关系恶化，苏联专家退出中国，进一步推进工程教育发展的重任便落在了我国自己培养的工程技术人才身上。此后，我国仍不断进行教学改革，提高教学质量，通过自己的力量培养出一批又一批工程技术人才，在新中国建设的各个时期都发挥了重要作用。

2.“文化大革命”期间的工程教育

1966年5月始，中国经历了十年的“文化大革命”。在这个期间，虽然高等学校正常招生停止了，但是工程教育并没有停止。

“七二一工人大学”

我国也对工程教育进行了一些教学改革，培养了若干届工农兵大学生，取得了前所未有的经验。例如，1967年，同济大学改为教学、设计和施工三结合的“五·七公社”，突破了封闭单纯的学校教学形式，使学校与设计施工单位的联系更加紧密，缩短了学制、精简了课程。1968年，上海机床厂创办了培养工程技术人才的“七二一工人大学”。学员文化程度从小学到相当于高中不等，学制两年左右。结合本厂的产品或科研课题组织教学，教材由工人参与编写，教师主要也由工人担任，按生产顺序分阶段进行教学。

“文革”十年，高等教育受到破坏性的影响，总体上应该否定，但某些具体的做法，也是可以借鉴的。比如厂校关系比较密切，教学与生产劳动、实践联系比较紧密，学生与工农群众的结合较好等。

十年间，我国也培养了一批优秀工程人才，他们当中有不少人时至今日仍在发挥着重要的作用。

3. 十一届三中全会后的工程教育

十一届三中全会以后，我国的工程教育又进行了新的改革，在这段时间高等教育的管理体制发生了根本性的变化。

1990年代的“院系调整”以合为主，恢复和加强综合性大学，标志着工程教育的结构体系发生了新变化。1952年调整之后形成的多科性工科大学，诸如清华大学、上海交通大学、浙江大学、同济大学等通过调整整合，开始向综合性大学迈进。

在工程教育实践环节教学改革方面，各校纷纷学习国外先进经验，特别是美国、德国等国的实践教学经验，形成了富有特色的创

同济大学

新实践教学模式，主要有：以清华为代表的“寓学于研，强化创新实践”的模式；以浙大、上海交大和华南理工为代表的以“推进本科生科研、提高工程实践创新能力”为主要目标的实践教学改革；以东南大学为代表的“开放式自主试验教学改革”等。我国整体的高等工程教育水平得到逐步提高。

1994 年成立的中国工程院为推动中国工程师教育的改革和发展做出了重要贡献。中国工程院开展了多项咨询研究，如“关于推进我国注册工程师制度的研究”“创新型工程科技人才培养研究”等，引起相关部门的重视，并被逐步采纳和落实。同时，中国充分关注国际工程教育认证机构的工作。虽然我国早年也曾拥有过工程教育认证和注册工程师的经验，但是真正自主开展工程教育认证还是在改革开放以后。

2010 年以后，我国开展了卓越工程师的教育培养计划。教育部在全国开设工科专业的 1 003 所本科高校中，批准了清华大学、浙江大学、同济大学、华中科技大学、北京航空航天大学等 61 所高校为第一批“卓越工程师教育培训计划”实施学校。以面向工业界、面向世界、面向未来，培养一大批创新能力强、适应经济社会发展需要的各类高质量工程技术人才、卓越工程师为主要目标，培养了一大批优秀的工程技术人才，目前正活跃在工程的各行各业和各条工业产业战线上。

同时，我国也大幅度扩大了职业教育规模。当前我国高等职业教育占据了高等教育的半壁江山。职业教育是以工程技术专业，特别是制造业作为主要领域的教育，是以培养数以亿计的技能型人才作为目标的，因此也是工程教育的重要组成部分。

中国工程院成立大会现场

总之，自新中国成立后经过三十年的发展和三十年的改革，在六十多年的发展过程

当中，中国的工程教育达到了一个新的高度，为培养更高层次的工程师、科学家和工程科学家创造了良好的条件。2016年中国加入《华盛顿协议》，说明我国的工程教育在世界上已占据了重要的一席之地。

4. 中国工程院——中国工程师的殿堂

新中国成立后，没有统一设立工程职业组织，但在中国科协下设有几十个专业工科学会，如中国机械工程学会、中国电机工程学会、中国计算机学会等。1955年，中国科学院学部建立，最初设立四个学部，物理学数学化学部、生物学地学部、技术科学部和哲学社会科学部。改革开放后，科学家、工程技术专家和有关人士，曾多次就建立中国工程院的问题积极提出倡议。当时，很多国家都先后建立了工程院、工程与技术科学院等荣誉性、咨询性学术机构，以推动技术科学与工程技术的发展。与从事基础科学和一般技术研究的科技人员相比，中国工程师理应获得与科学家同等的待遇，拥有自己的荣誉机构。这样既有助于以国家最高咨询性学术机构的名义，参与重大科技项目和工程项目的论证与审查，也有助于推动工程师负责制的落实，使工程技术专家有职、有权、有责。

1980年，在全国政协五届三次会议上，张光斗和俞宝传两位工程界泰斗，率先提出了成立中国工程科学院的提案。他们在提案中建议：中国工程科学院，作为国家工程科学方面的咨询机构，主要负责研究和规划国家工程科学研究的方向、方针、重点任务、条件、措施，审查重要工程科学项目。1982年9月17日，中国科学院的四位学部委员张光斗、吴仲华、罗沛霖、师昌绪，在《光明日报》发表了题为《实现四化必须大力发展工程科学技术》的文章，明确指出大力发展工程科学技术的必要性和方法。在此后的人大和政协会议上，也多有工程科技界的代表、委员提交议案，呼吁成立以工程科技为主体的国家最高学术机构。1986年，罗沛霖倡议并起草了《关于加强对第一线工程技术界的重视的意见》，联合茅以升、钱三强、徐驰、侯祥麟等80余人，向全国政协提出了提案。1989年3月，第七届全国政协委员陶亨咸、侯祥麟、张健、钱保功、罗沛霖、王大珩、陆元九、陈永龄等 8 位科学家联名提案，再一次建议建立与中国科学院并立的、纯粹荣誉性与咨询性质的、国家级的中国工程技术院。与此同时，邓小平同志提出“科技是第一生产力”，再次强调了中国科学的实用性，与基础科学相比，技术科学和工程科技才是更直接的生产力。

1992 年 3 月，在政协七届五次会议上，又有三件提案建议成立中国工程院。提案针对 1991 年增选的中科院技术科学部 60 名学部委员中，只有 2 名工程师的状况提出了意见：“建国 42 年来由于客观需要，党和国家十分重视经济建设，我国能源交通、轻重工业以及军工、航天航空都建成了完整而有效的工业体系。各行各业的工程技术人员在实践中成长。无论生产、建设、工业科研开发、设计，都有大批有贡献、有实践经验、有水平的工程师。由于结合实际，这些工程师的成长速度和水平不亚于中科院和各大学的研究员和教授。和新中国成立初期的情况已经完全不同了，而新增补的技术科学学部 60 位学部委员中，只有 2 名工程师，说明改变中科院理论优先的任务和观点是不可能也是不必要的——他们有自己的任务。”[1]

1993 年 11 月 12 日，国务院批准了《关于成立中国工程院的请示》，明确了机构名称是“中国工程院”，成员的称谓是“院士”，中国科学院的学部委员也改称“院士”。1994 年 6 月 3 日，中国工程院成立大会在中南海怀仁堂召开，江泽民同志出席并发表讲话。他指出，中国工程院的成立，必将大大鼓舞和激励广大工程科技人员的创造精神，必将对推动工程技术发展，提高工程技术的研究、设计、建造、运行能力，发挥积极作用。中科院院长周光召在大会的讲话中提道：“中国工程院的成立，对进一步提高工程技术界的地位，广泛调动工程技术人员积极性，发挥其整体作用，加强我国基础工程建设，提高工程技术水平，增强综合国力，将产生直接的重大影响。”首任院长朱光亚院士在闭幕式的讲话中提道：“作为中国工程院的首批院士，我们既感到十分光荣，同时也感到责任重大。在履行中国工程

1　李飞. 政协提案与中国工程院的成立 [J]. 自然辩证法通讯，2010，32(2):47-53.

院院士的神圣责任中，我们要不辜负党和国家的信任，无愧于工程技术界最高学术称号的荣誉，团结全国广大工程技术人员，同中国科学院全体院士加强合作，在整个科技界发扬科学精神和优良学风，树立高尚的职业道德，努力促进科技进步，攀登科技高峰，为经济、科技、社会的综合协调发展而努力奋斗。”

中国工程院共有 9 个学部：机械与运载工程学部，信息与电子工程学部，化工、冶金与材料工程学部，能源与矿业工程学部，土木、水利与建筑工程学部，环境与轻纺工程学部，农业学部，医药卫生学部，工程管理学部。按照《中国工程院章程》的规定，中国工程院院士增选每两年进行一次。在 1994 年产生的第一批 96 名院士中，有 30 人为中科院院士。这 30 位身兼科学院院士和工程院院士的专家，在中国的科学界和工程界都是大名鼎鼎，贡献卓著。其中包括：吴良镛、张光斗、宋健、路甬祥、师昌绪、朱光亚、王选、王大珩、李国豪等专家。此后，工程院院士人数增长较快。1997 年，增选 116 名新院士；1999 年，增选 113 名院士；2001 年再添 81 名，院士总人数已达到 616 人，还不包括 24 名外籍院士。2013 年中国工程院第 11 次院士增选后，院士总数为 807 人。其中 2013 年当选的院士中，有“蛟龙”号载人深潜器总设计师、77 岁的船舶设计制造专家徐芑南，中国载人航天工程总指挥、中国载人航天工程总设计师周建平。截至 2014 年 6 月，建院 20 周年之时，中国工程院共有 802 名院士和 42 名外籍院士。

中国工程院成立以来，充分发挥院士群体多学科、跨部门、跨行业的综合优势，积极参与国家、地区经济发展和社会进步中重大决策、重大工程建设和高技术产业发展战略的研究、咨询与评估，为国家和地方政府提出了优先发展领域和重点投资方向的建议；组织对重大工程科学技术方向性、前沿性问题的研究，提高工程技术创新能力和工程科学管理的水平；广泛开展不同层次、多种形式的国内、国际学术交流与合作，为全国工程科技界，特别是在一线工作的优秀中青年专家的成长创造良好的学术环境；大力开展科学普及和科技出版工作，为提高我国工程科学技术水平、各级干部与全社会的科学文化素质做贡献；维护科学道德，弘扬科学精神，积极推进社会主义精神文明建设。

四、中国工程教育认证的历史沿革

工程教育专业认证（Engineering Educational Specialized / Professional Programmatic Accreditation）是工程技术相关行业协会结合工程教育工作者，对工程技术领域相关专业的高等工程教育质量和规范的认证，保证工程技术行业的从业人员达到相应教育要求的过程。

工程教育专业认证，是工程教育质量保障体系的重要组成部分，是连接工程教育界和工业界的桥梁，是注册工程师制度建立的基础环节。在经济全球化的背景下，高等工程教育专业认证制度也是促进我国工程技术人才参与国际交流的重要保证。

1.“高等工程教育专业国际认证”的决策背景

（1）我国急需提高工程教育人才培养的质量

认证（Accreditation）是高等教育为了保障和改进教育质量而详细考察高等院校或专业的外部质量评估过程。改革开放以来，我国迅速扩大了高等教育的规模，更有加强质量评估的需要。认证是基本质量保证的认定，尤为必要。随着我国经济结构的转型，工程教育人才质量的提升成为我国工程教育界的重要议题。工程教育认证正是为职业准备提供质量保证，一方面可以促进我国工程教育的改革，进一步提高工程教育的质量；另一方面可以吸引工业界的广泛参与，进一步密切工程教育与工业界的联系，从而提高工程教育人才培养对工程技术各领域和工业产业的适应性。

（2）我国高等工程教育急需与国际工程教育界接轨

在经济全球化背景下，工程技术水平及创新能力的竞争已成为综合国力竞争的重要指标。培养既有专业素养，又有全球视野的工程技术人才成为全球工程技术教育领域关心的话题，而加强世界各国在工程技术领域的交流与合作无疑会对全球工程技术教育的发展产生巨大的推动作用。正是在这一背景下，为了推动工程技术专业学生和工程师的流动，西方主要工程技术强国的工程教育界发起成立了“国际工程联盟（International Engineering Alliance，IEA）”,IEA 由三个关于高等工程教育学位（学历）互认的协议（《华盛顿协议》《悉尼协议》《都柏林协议》）和三个工程师专业资格互认的协议（《工程师流动论坛协议》《亚太工程师计划》《工程技术员流动论坛协议》）组成。IEA 的六个协议组织有着各自的签约成员，代表着不同的国家和地区，每个协议签约成员之间互相认可彼此的工程教育学位（学历）或者专业资格，从而促进了工程师的跨国执业。

而在 IEA 的六个协议中，《华盛顿协议》（Washington Accord，WA）是六个协议中签署时间最早,体系较为完整的协议。WA 约定，在该协议签署成员之间，缔约方所认证的工程专业（主要针对四年制工科本科专业）具有实质等效性，并认为经任何缔约方认证通过的工程专业的本科毕业生都达到了从事工程师职业的教育要求和基本素质标准。

加入 WA，进行高等工程教育本科的国际认证，是推动我国取得工程教育专业认证国际互认的重要举措。

（3）加强高等工程教育的第三方评估

20 世纪 80 年代以来，我国一直在探索以评估的方式来加强国家对高等学校教育教学工作的宏观管理与指导，促进各级教育主管部门重视和支持高等学校的教学工作，全面提高教学质量。如 1985 年 11 月国家教育委员会发出《关于开展高等工程教育评估研究和试点工作的通知》(〔85〕教高 020 号文件)，提出“评估专业、学科的办学水平是评估高等工业学校办学水平的中心环节和基础，应当作为高等工程教育评估工作（包括试点工作）的重点”。特别是随着我国加入 WTO 后，经济全球化的进程进一步加快，建设创新型国家，实现新型工业化都对我国工程技术人才的质量提出了更高的要求，教育主管部门也更迫切地需要通过第三方评估的机制保证人才培养的质量。而开展国际工程教育认证成为解决这一问题的有效路径之一。

2.“高等工程教育专业国际认证”的发展历程

（1）筹备阶段

1985 年 6 月，原国家教委召开了高等工程教育评估问题专题讨论会，这是我国第一个全国性的高等教育评估研讨会，这次会议明确了高等教育评估的目的，探讨了高等工程教育评估制度的确立，为我国高等工程教育专业认证的开局奠定了重要基础。

1986 年国家教委高教二司组成中国高等工程教育评估考察团赴美国、加拿大，归国后编辑出版了“美国、加拿大高等教育评估”丛书，其中第三册《高等学校工科类专业的评估》是系统介绍国外高等工程教育专业认证制度及其实施状况的书籍，在我国工程教育专业认证研究领域具有里程碑意义。

实践领域高等工程教育专业认证开始初探。1985 年 11 月到 1986 年 11 月，原国家教委选择机械制造工艺及设备专业、计算机应用专业和供热通风与空调工程专业进行评估试点准备。

（2）探索阶段

1992 年开始试点认证工作，先由建设部在清华大学、同济大学、天津大学和东南大学 4 所学校的 6 个专业（建筑学、建筑工程管理、建筑环境与设备工程、城市规划、土木工程、给排水工程）进行试点。1993 年成立第一届全国高等学校建筑工程专业教育评估委员会，1995 年正式开展专业评估。经过 1995 年和 1997 年两届评估，共有 18 所学校的土木工程专业点通过了评估。截至 1997 年，由建

左："第三届国际工程教育大会"在北京召开

右："第三届国际工程教育大会"部分参会专家合影

设部业务主管的6个专业中有4个建立了专业认证制度。土木工程专业评估成为"按照国际通行的专门职业性专业鉴定制度进行合格评估的首例"，为以后的全国工程专业认证工作奠定了基础。

（3）发展阶段

2001年加入WTO以后，中国工程院工程教育工作委员会开始了对工程教育认证相关情况的调研，并在重庆召开的中日韩三国工程教育认证学术报告会上，提出我国加入《华盛顿协议》的构想。

截至2003年，由建设部业务领导的建筑学、土木工程、城市规划、工程管理、建筑环境与设备工程、给排水工程6个专业的专业认证全部启动。

接下来，建设部先对建筑学、土木工程专业进行了认证，然后在不断总结专业认证试点工作成功经验的基础上，进而启动了建筑环境与设备、工程管理、城市规划、给水排水工程专业的认证，进行了工程教育专业认证的新探索。

2004年9月由美国工程教育协会（American Society for Engineering Education，ASEE）、中国工程院（CAE）和中国国家自然科学基金委（NSFC）共同举办，清华大学承办，中国高等工程教育专业委员会协办的"第三届国际工程教育大会"在清华大学举行。这次会议是ASEE第一次在发展中国家举办的国际工程教育大会。大会围绕了工程教育改革，工程教育质量的国际资格认证等主题进行研讨。会议上，教育部对中国的工程教育进行了介绍，指出中国的工业现代化要求中国的工程教育率先实现现代化，也指出了中国已经成为了高等工程教育的大国，但是还不是高等工程教育

2015 年 4 月，中国工程教育专业认证协会成立

的强国，所以要积极地推动我国工程教育和工程师资格的认证，以适应国际工程技术人才市场的需要。

2005 年 5 月，在教育部的积极推动下，国务院批准成立了由 18 个行业管理部门和行业组织组成的全国工程师制度改革协调小组，经过广泛论证，协调小组认为，工程教育认证是职业工程师制度的重要组成部分，决定参照《华盛顿协议》的要求，启动申请加入《华盛顿协议》，与未来的职业工程师制度相衔接，建立中国工程教育认证体系。

2006 年，国务院工程师制度改革协调小组委托教育部成立全国工程教育认证专家委员会，正式启动全国工程教育专业认证试点工作，并于当年 3 月试点认证了 4 个专业领域（机械工程与自动化、电气工程及自动化、化学工程与工艺、计算机科学与技术），完成了 8 所学校的工程教育专业认证。

2012 年，教育部和中国科协开始筹建中国工程教育认证协会，以符合《华盛顿协议》对成员的要求。认证协会为中国科协的团体会员，秘书处设在教育部评估中心。2012 年 12 月，中国正式提出加入《华盛顿协议》的申请。2013 年 6 月，中国成为《华盛顿协议》的观察员。

截至 2013 年，我国已在机械、化工制药、环境、电气信息、材料、地质、土木等 15 个专业领域，共有 137 所高校的 443 个专业通过了专业认证。

2016 年 4 月 11 日，由中国科协与中国工程教育专业认证协会联合主办的工程教育认证国际研讨会在北京召开。中国科协、教育

2015 年 11 月，会见联合国教科文组织（UNESCO）官员

部、中国工程教育专业认证协会、世界工程组织联合会、澳大利亚工程师协会等代表出席研讨会。澳大利亚工程师协会、英国工程理事会等 13 个《华盛顿协议》正式成员组织的主席、副主席、认证部门负责人，中国教育界、产业界、学术领域的专家、学者等近 70 人参加研讨会。研讨会围绕“成果导向教育与工程教育认证”“工程教育认证最佳实践”“工程教育及认证体系的创新与多样性发展”3 个主题进行专题研讨。此次研讨会为我国加入《华盛顿协议》奠定了良好的基础。

2016 年 6 月，我国成为《华盛顿协议》的正式会员，这也意味着我国的工程教育质量保障体系已获得国际认可。

（4）国际交流

我国工程教育专业认证在国际交流互认方面已取得一定成绩。早在 1998 年 5 月，建设部人事教育劳动司与英国土木工程师学会共同签订了土木工程学士学位专业评估互认协议书。与此同时，中国注册结构工程师管理委员会与英国结构工程师学会也共同签署了名称和内容相仿的协议书。这两份协议的签订标志着我国大陆地区土木工程专业评估初步实现了双边的国际接轨，为我国工程人才以正式专业资格走向世界迈出了重要一步。

中国科协代表中国作为申请《华盛顿协议》的组织者，先后邀请了澳大利亚工程师学会、英国工程委员会（2008）、美国机械工程师协会（2011）和香港工程师学会（2011）的专家访问观摩中国的认证考察活动，提出建议和意见，为我国加入《华盛顿协议》

2011年，中英土木工程专业教育评估互认协议签约仪式在同济大学举行

打下良好基础。

经过筹备、探索、发展时期，到加入《华盛顿协议》，我国的工程教育认证协会的工作运转、规章制度等已经相对完善和成熟，形成了与国际实质等效的工程教育（本科）专业认证体系，基本和国际工程人才培养要求接轨。

（5）工程教育认证的研究

高等教育专业认证的研究是20世纪80年代中期伴随着我国高等教育评估研究的开展逐步发展起来的。最初，主要是了解和介绍国外开展高等教育评估的经验。同济大学毕家驹教授作为工程教育专业认证和发展工程师注册制度的积极倡导者，自1995年开始发表了一系列文章介绍和分析国外工程教育专业认证的情况，提出我国开展工程教育专业认证制度的基本设想。如，《美国工程学位教育的质量保证》《中国工程学位与工程师资格通行世界的必由之路》《关于土木工程专业评估的评述和建议》《关于华盛顿协议新进展的评述》《中国工程专业评估的过去、现状和使命——以土木工程专业为例》等。

2000年之后，有关工程教育专业认证的研究开始增多，主要聚焦国外当前工程教育认证的做法，发达国家工程教育专业认证在制度沿革、认证标准等方面的情况，并在此基础上提出对我国工程教育专业认证制度的建议和展望。其中代表性的学术论文有《中国工程教育的现状和展望》《论高等工程教育发展的方向》《工程教育评估与认证及其思考》《工程教育与现代工程师培养》《论高等工程教育发展方向》《新世纪中国工程教育的改革与发展》等。

（6）中国硕士阶段工程教育认证的未来探索

我国工程硕士教育专业认证始于2003年，全国工程硕士专业学位教育指导委员会率先在项目管理和物流管理两个领域开展了国际化认证工作。2004年至2008年，全国工程硕士专业学位教育指导委员会先后与英国皇家物流与运输学会、中国交通运输协会、中国（双法）项目管理研究委员会（PMRC）、国际项目管理资质认证（IPMP）中国认证委员会、美国项目管理协会（PMI）就职业资格相互认证事宜签署了框架协议。

2010年全国工程硕士专业学位教育指导委员会与中国设备监理协会签订了《工程硕士（设备监理）专业学位与高级设备监理师资格对接合作框架协议》，这是工程硕士教育专业认证首次与国内职业资格认证进行衔接。

欧洲涉及硕士层面工程教育认证的组织主要有欧洲工程教育认证网络（ENAEE）、英国工程委员会（EngC）、德国工程、信息科学、自然科学和数学专业认证机构（ASIIN）、法国工程师职衔委员会（CTI）、俄罗斯工程教育学会（AEER）等。欧洲工程教育认证网络（ENAEE）负责实施欧洲工程教育认证体系（EUR-ACE体系），EUR-ACE体系从2007年开始实行，ENAEE授权各认证和质量保障机构，使它们有权授予经过认证的第一阶段和第二阶段工程项目EUR-ACE标签，其中第二阶段工程项目相当于硕士层面的工程学位项目。经ENAEE授权可授予EUR-ACE标签的认证机构包括德、法、英、葡、俄、意、爱尔兰、土耳其、罗马尼亚、波兰等国的工程教育认证组织。

ENAEE正在快速发展，其包含硕士层面工程教育认证的EUR-ACE体系对欧洲工程教育强国的影响在不断扩大。构建中国硕士层面工程教育认证的标准系统，需要考虑与EUR-ACE体系的对照和实质等效问题。

2016年底由清华大学主办相关论坛和工作，专门研究和探讨硕士阶段的工程教育认证。

中国工程师史 第三卷

结　语

重塑中国工程师的历史地位

2012 年 11 月 29 日，习近平总书记带领新当选的中央领导同志参观国家博物馆《复兴之路》展览，之后发表了重要讲话，第一次提到了“中国梦”。他说:“每个人都有理想和追求，都有自己的梦想。现在，大家都在讨论中国梦，我以为，实现中华民族伟大复兴，就是中华民族近代以来最伟大的梦想。这个梦想，凝聚了几代中国人的夙愿，体现了中华民族和中国人民的整体利益，是每一个中华儿女的共同期盼。历史告诉我们，每个人的前途命运都与国家和民族的前途命运紧密相连。国家好，民族好，大家才会好。实现中华民族伟大复兴是一项光荣而艰巨的事业，需要一代又一代中国人共同为之努力。”2013 年 3 月 17 日，在第十二届全国人大一次会议闭幕会上，习总书记再提中国梦，对中国梦给出了更为具体的阐释和解读，他说：“实现中华民族伟大复兴的中国梦，就是要实现国家富强、民族振兴、人民幸福，既深深体现了今天中国人的理想，也深深反映了我们先人们不懈奋斗追求进步的光荣传统。”

中国工程师的历史与中国梦是紧紧相连的，因为中国工程师的命运与中华民族的伟大复兴息息相关，中国工程师的实践铸就并领引着国家富强和民族振兴。中华民族以自己的勤劳和智慧，曾经创造了世界领先的古代文明，对人类发展做出过巨大贡献。然而，从近代开始，中国逐渐落后于西方，其中一个重要方面就是科技和工业的落后。早在 18 世纪末，英国最先完成了以蒸汽机的发明为标志的第一次工业革命，开启了工业化进程。为了开辟更大的原料产地和消费市场，1840 年对中国发动了鸦片战争，强迫腐朽的清政府签下我国近代第一个不平等条约——南京条约，中国由此一步步沦为半殖民地半封建国家。以电力、内燃机的发明及广泛应用为标志的第二次工业革命兴起于 1860 年至 1890 年间，西方列强抓住这次机遇，开启了新一轮的工业化，并由自由资本主义发展到垄断资本主义即帝国主义阶段，中华民族又经历了甲午中日战争、八国联军侵华等浩劫。在中华民族危难之际，一代民族志士觉醒，于是中国人提出了“睁眼看世界”“师夷长技以制夷”的口号。清政府内部的洋务派也提出了“中体西用”的主张，兴起了旨在自强求富的洋务运动，掀起向西方学习先进技术、兴办工业、筹划海防、兴办学堂的热潮。然而，由于洋务运动没有触及落后的封建制度，这场自救运动仍以失败告终。但是，洋务运动却促成了中国第一代工程师的崛起，唤起了中国工程师的强国梦。

1905 年 5 月，京张铁路总局和工程局成立，詹天佑担任会办兼总工程师。他清楚地知道这一任务的艰巨性，并且必须顶住来自各方面的冷嘲热讽。有人说他是“自不量力”，“不过花几个钱罢了”，甚至说他是“胆大妄为”。帝国主义列强无时不想夺取此路，工程一开始，日本人雨宫敬次郎就上书袁世凯说：“中国人无力修成此路，不如聘请日本技师较为稳妥。”英国人金达也来替日本说话。詹天佑以此路决不任用任何一个外国人为由断然拒绝。居庸关遂道工程开始后，三五成群的外国人，以打猎为名常来窥探，他们希望工程失败以便乘人之危。詹天佑以出色的成绩为中国人争了一口气。他给他的美国老师诺索朴夫人的信中就曾说过：“如果京张工程失败的话，不但是我的不幸，中国工程师的不幸，同时会给中国带来很大损失。在我接受这一任务前后，许多外国人露骨地宣称中国工程师不能担当京张线的石方和山洞的艰巨工程，但是我坚持我做的工程。”在詹天佑身上集中体现了中国一代工程师的爱国心和民族责任感。

“九一八”事变后，日本侵占了东北三省，准备发动全面侵华战争。在救亡图存的危难时刻，无论是经济发展还是国防需要，我国都急需建造一座跨越钱塘江的大桥，把浙东、浙西联成一体，更重要的是把沪杭、浙赣、萧蒲的铁路、公路联络贯通。这个任务落在了茅以升的肩上。在他之前，中国的大川大河上已有一些大桥，但都是外国人所造。当外国专家听说中国要修钱塘江大桥，他们中的一些人狂妄地说：“在钱塘江上架桥的中国工程师还没出生。”在这样的舆论压力下，茅以升没有退却，立志为自己的国家建造一座举世闻名的大桥，外国人能做的，我们中国人也能做到。1933 年至 1937 年，茅以升任钱塘江桥工委员会主任委员和工程处处长，主持修建钱塘江大桥。经过 900 多个日夜的紧张施工，1937 年 9 月 26 日，钱塘江大桥建成。然而，为了阻止日军南侵，在大桥通行三十多天后，茅以升又忍痛亲自点燃了导火线，将自己的“杰作”炸毁。

近代以来，一代代中国工程师前赴后继、身体力行，无论是对民族独立、国家富强之梦的追求，还是对中华民族伟大复兴之梦的追求，他们在各自的实践中，展现出中国工程师的品德和情怀，塑造出中国工程师的魂魄和精神，并在中华大地上绘出了一幅幅波澜壮阔的画卷。京张铁路、钱塘江大桥、“两弹一星”、青藏铁路、神舟蛟龙、银河计算机、三峡工程、探月工程等等，这一系列的工程成就，正是中国工程师给我们留下的宝贵的物质与精神财富。可见，中国工程师群体在我国经济、政治、文化领域发挥着重大作用，因而他们的社会地位和社会责任也应受到我们更多的关注。

首先，中国工程师是工程实践的倡导、组织和实施者。优秀的工程师在工程项目管理、领导方面发挥了积极有效的作用，而工程建设所需的岗位也为优秀工程科技人才提供了肥沃的土壤。近年来，随着中国经济开始转型，经济发展方式逐渐转变，创新驱动模式必将越来越受到重视。从这个意义上来说，宏大的工程规模正为中国工程科技人才的成长提供着千载难逢的机遇。

从新中国成立到改革开放之前，中国工程师就完成了武汉长江大桥、南京长江大桥、成昆铁路、湘黔铁路、兰新铁路，康藏公路、青藏公路、新藏公路等一系列基础路桥建设，“两弹一星”，鞍钢、武钢等钢铁基地，大庆、大港、胜利油田，新安江水库、上海港，以及两大汽车基地也相继建成。改革开放以来，中国工程师在大江南北更是施展才华，先后完成了大批世界瞩目的工程项目，诸如大秦铁路、青藏铁路、秦山核电站、大亚湾核电站、葛洲坝水利枢纽工程、三峡工程、西电东输、南水北调等大型工程项目。此外，工程研究及教育领域也发生了历史性的变化，形成了比较完整的工程研究、设计和技术开发体系，建立了较为完备的工程学科领域，形成了相当规模和水平的工程技术人才队伍。一系列国家重大工程建设获得成功，国家重大技术装备制造水平和自主化率稳步提高，高技术研究和高新技术产业取得明显进步，这些举世瞩目的成就与中国工程师们的努力是分不开的。

其次，中国工程师是技术创新的引领者。当今世界，新科技革命迅猛发展，不断引发新的创造，科技成果转化和产业更新换代的周期越来越短，科技作为第一生产力的地位和作用越来越突出。世界各国尤其是发达国家纷纷把推动科技进步和创新作为国家战略，在国际经济、科技竞争中争取主动权。我国人均能源、水资源、土地资源的供应严重不足，生态环境十分脆弱，对经济发展构成日益严峻和紧迫的瓶颈约束。在经济全球化进程中，企业面临着越来越激烈的国际竞争压力，这一切都需要通过创新去克服和解决，通过创新寻找新的路径。从一定意义上来说，工程师群体是我国坚持走中国特色自主创新道路、提高自主创新能力的中坚力量。

在工程创新中，中国也走出了自己的独特道路。2007年12月21日，首架具有完全自主知识产权的新支线飞机“翔凤”（ARJ21—700）揭开面纱。这是一次自主创新的重大实践，它标志着我国重大自主创新工程ARJ21飞机的研制工作全面完成，中国飞机正式跻身世界民用客机行列。ARJ21飞机是70至110座机的新型涡扇支线飞机，是我国按照国际先进技术和适航要求研制，拥有完全自主知识产权的民用飞机。具有完全自主知识产权，就是拥有独立的设计权，具备系统的综合能力，能够自主确定飞机构型、性能和发展方向。中国民机工业历经30年的波折与等待，在一代代航空人的不懈奋斗中，终于取得了丰硕成果，正如“翔凤”之名，寓意着涅槃的凤凰腾然而起、曼舞九天。

同样在2007年，“嫦娥一号”飞船承载着中华民族千年的奔月梦想腾空而起。它传回的第一幅“月图”完美亮相，标志着中国首次月球探测工程圆满成功。这是继人造地球卫星、载人航天飞行取得成功之后，我国航天工程的又一座里程碑，是我国科技自主创新取得的标志性成果，被称为“自主创新高潮中最动人心弦的华章”。“嫦娥一号”升空之后历经8次变轨，经过调向轨道、地月转移轨道、月球捕获轨道三个阶段。茫茫太空中悠然前行的“嫦娥”不仅要拍摄月球表面的照片，更要对抗月食情况下太阳能的缺失等技术难题，其复杂程度创下中国航天之最。从绕月探测工程正式立项，到“中国第一幅月图”完美亮相，这项浩大的科技工程仅仅用了3年多时间。

中国工程师从跟跑到领跑，背后不仅是勤奋的汗水，更多的是科技的支撑。2006年7月1日是一个特别的日子，这一天，青藏铁路通车，第一列火车开入西藏。青藏铁路是一条世界上海拔最高、线路最长的高原“天路”，它穿越了青藏高原的生命禁区、无人区以及绵延550千米的冻土区域，穿越巍巍群峰、绵绵雪域。为了建造这条神奇的“天路”，中国工程师付出了近50载光阴。除了著名的青藏铁路、三峡工程外，载人航天、载人深潜、大型飞机、北斗卫星导航、超级计算机、高铁装备、百万千瓦级发电装备、万米深海石油钻探设备等一批长期制约我国发展的重大关键工程技术也取得了突破性进展。微电子、通讯、重大装备、新材料、生物医药等基础研究和前沿工程技术领域也取得重要突破，带动了产业结构的优化升级；超级杂交稻、转基因抗虫棉等一系列重大技术，让我们看到科技进步对农业发展的贡献率显著提高。科技发展为产业发展提供了有力的支撑。

再次，中国工程师是道德的楷模，是社会责任的担负者和推动者。在长期的工程建设实践中，中国工程师逐渐形成并展示出胸怀大局、艰苦奋斗、勇于奉献、以民族振兴为己任的主人翁精神，开拓进取、求实创新、艰难创业的拼搏精神，以及信念坚定、立场鲜明、淡泊名利、默默耕耘、甘于奉献、乐于服务的忘我情怀和道德修养。中国工程师具有质朴、稳实、坚毅、勤于学习、善于思考、勇于实践的人格魅力。他们有追求、有毅力，谦虚但有原则，涉及技术问题绝不含糊，对待别人的错误，敢于直言，对于自己的问题，敢于自责，敢于担当。他们都是知行合一的人，他们喜欢亲自动手，迎难而上，有着以攻克技术难题为乐的良好心态，在不断研究问题、解决问题的过程中，实现人生价值。他们不把头衔和以往的成绩作为追逐名利的工具，而是追求学以致用，利用所学、所知、所做，一点点地推动着工程事业的进步和发展。中国工程师的血脉中有着中华民族自强不息的基因，中国工程师精神是中华民族精神的重要组成部分，诠释了中华民族精神的本质，构筑了中华民族的脊梁，成为激励人们勇于开拓的重要精神力量。中国工程师的情怀不仅仅是一种技术和职业道路上的坚持，更是一种职业素养和社会担当的体现。

20世纪五六十年代，我国面对严峻的国际形势，为打破核大国的讹诈与垄断，为了世界和平和国家安全，在条件十分艰苦的情况下，党中央高瞻远瞩，果断作出了研制“两弹一星”的战略决策。老一代科学家、工程师和广大研制人员风餐露宿，顽强拼搏，团结协作，克服了各种难以想象的艰难险阻，突破了一个又一个技术难关，取得了中华民族为之自豪的伟大成就。1964 年 10 月 16 日，原子弹爆炸成功；1966 年 10 月 27 日，导弹核试验成功；1970 年 4 月 24 日，人造卫星发射成功。“两弹一星”精神，已成为 20 世纪中国人民自强不息、艰苦奋斗的可贵民族精神。“两弹一星”精神对当时中国发展的意义，不仅在于促进了国防事业的发展，并带动了科技事业的发展，更重要的是，培养了一批吃苦耐劳、勇于创新的科技队伍，极大地增强了中国人民的信心，推动了社会主义事业的发展。

1999 年 9 月，江泽民同志在表彰为研制“两弹一星”做出突出贡献的科技专家大会上，将“两弹一星”精神概括为：“热爱祖国、无私奉献，自力更生、艰苦奋斗，大力协同、勇于登攀”。江泽民同志在大会上指出：“‘两弹一星’精神，是爱国主义、集体主义、社会主义精神和科学精神的活生生的体现，其核心为科技创新精神，是中国人民在 20 世纪为中华民族创造的新的宝贵精神财富。我们要继续发扬光大这一伟大精神，使之成为全国各族人民在现代化建设道路上奋勇开拓的巨大推进力量。”

2004 年，以“工程师塑造可持续发展的未来”为主题的世界工程师大会在中国上海召开，这个主题告诉我们，“工程师”对于人类的未来是何等重要，同时也告诉我们，培养造就适应时代的合格工程师是何等重要。目前，世界许多国家的工程师协会在修改工程师伦理规范时都已加入了“工程师对自然负责”这一条。美国土木工程协会、世界工程组织联盟等在其工程师伦理规范中都强调环境保护、物种多样性的保护、资源节约、资源的恢复及其可持续性。其目的就是要求工程师肩负起历史的责任，把自然环境放在重要的、不容忽视的地位。工程师通常是唯一具备认识潜在环境危害知识，并能唤起公众注意的具有职业权威性的人。因此，工程师对保护自然、维护生态平衡以及维持可持续发展起到了不可估量的作用。

二战之后，世界经济迅猛发展，新技术层出不穷，电子工业、核能发电、重化学工业、汽车工业、机械工业等产业部门在新技术的带动之下，规模和效益不断提高，极大地满足了人们的物质需求。而与此同时，工程技术的负面效应却越来越突出：资源短缺、自然景观消失、环境污染、生态平衡的破坏等等。工程技术的这种“双刃剑”作用，使得工程师们开始对自己在工程活动中扮演的角色产生了疑问，对企业的商业目标和工程自身价值进行反思和检讨。最终导致了他们伦理责任的再次转向，其转变的标志就是工程师专业委员会（ECPD）于 1947 年起草的第一个横跨各个工程学科领域的工程伦理准则。它要求工程师自己关心公共福利，利用其知识和技能保障人类福利，工程师应当将公众的安全、健康和福利置于至高无上的地位。后来，许多国家的各个专业工程师协会，如美国土木工程师协会（AS—CE）、日本的电气工程师学会、德国工程师协会等都将“公众的安全、健康和福利放在首要位置”写入工程伦理纲领之中。

随着现代工程的规模不断扩大，涉及的范围已经触及社会的各个角落，工程质量的优劣直接关系到社会公众的安全、健康和利益。而无数事实表明，现代工程既有正面的、可预期的效果，也有负面的、不可预料的副作用。所以，现代工程伦理准则要求工程师把对公众负责放在首位，也就是说，工程师在雇主利益与公众福利之间做选择时，伦理责任要求他将公众利益置于首要的地位。

尽管中国工程师取得的成绩和留给后人的宝贵精神财富蔚为壮观，但中国工程师面临的挑战也更为严峻。应该看到，改革开放以来，在以“市场换技术”“造不如买，买不如租”的口号下，我们的社会开始忽视自主技术研发，转而依靠廉价劳动力，从事价值链最低端的产业，形成了“用衬衫换飞机”的局面，以至于在技术上逐渐被国外公司所控制，我们熟知的大部分核心技术均处在长期落后和受制于人的状态。比如软件和操作系统、汽车制造技术、飞机及发动机技术、大规模集成电路和芯片制造技术、液晶显示器、精密仪表、现代化机床、化工设备及催化剂等等，均需要大量进口设备和技术。即使在一些宣称拥有自主知识产权的行业也是如此，例如高铁车辆虽然实现了国产化，但实际上也需要高价进口很多信号和系统运行方面的关键技术和设备；龙芯则不得不向国外公司购买处理器架构的专利使用权；主要大型电子计算机，如“天河”和“曙光”的中央处理器则全部要从国外公司购买。

此外，工程技术的精英化，使得广大人民群众渐渐被剥夺了参与工程建设讨论和评估的机会，失去了参与工程的热情。而当前无论在国外还是国内，还存在着工程师的社会作用不被了解、工程师的社会声望被低估的现象，工程师还远未能成为对广大青少年具有强大吸引力的职业。这种种现象不是短时间就能够改变的，而是需要全社会系统化的深化改革。

为了实现全面建设小康社会的宏伟目标，当前全国各地都在规划、设计和建设各类工程。包括各种来源的资金在内，我国每年投入工程建设的资金总额超过了6万亿元人民币。这些工程能否建设好，能否体现出新的工程理念，能否成为创新的工程，将直接影响我国全面建设小康社会宏伟事业的全局。因而，我国急需大批能够领导和实施工程创新的人才，他们才是全面建设小康社会的主力军。

我们的时代在迫切呼唤詹天佑、茅以升这样的工程大师涌现，迫切呼唤大批优秀的工程创新集体。我国也在不断创造能够使各种工程人才顺利成长的社会环境和社会条件，让各种工程人才在全面建设小康社会和构建和谐社会的宏伟事业中脱颖而出。世界的目光已经聚焦中国，中国是未来的制造业大国，中国拥有4 200多万人的工程科技人才队伍，这是中国开创未来最宝贵的资源。

历史告诉我们，只有创造了灿烂文明的民族，才会如此渴望再创辉煌；也只有历尽苦难沧桑的国家，才更珍惜来之不易的当下。一代人有一代人的梦想，一代人有一代人的追求，一代人有一代人的付出，一代人有一代人的责任，一代人有一代人的作为。中国工程师的强国梦就像一面旗帜，把中国科技人员的力量凝聚到一起。梦想永远是不可能在空想中变成现实的，中国梦的接力棒必然会传到下一代工程师们的手中。新一代工程师有何历史使命？该承担哪些历史责任？他们会有多大的作为？我们或许可以从中国工程师的历史中寻找一些答案。同时，这个答案也需要那些走向世界、面向未来的新一代中国工程师们去解答。实干，胜于一切豪言壮语。

拓展阅读

古代书籍（年代 · 作者 · 书名）

春秋末年 · 作者不详 ·《考工记》

宋 · 曾公亮 ·《武经总要》

宋 · 李诫 ·《营造法式》

元 · 王祯 ·《农书》

明 · 宋应星 ·《天工开物》

明 · 徐光启 ·《农政全书》

清 · 戴震 ·《考工记图》

清 · 毕沅 ·《关中胜迹图志》

清 · 陈梦雷，蒋廷锡 ·《古今图书集成》

现代书籍（作者 . 书名 . 出版地：出版单位 . 出版年份）

李约瑟（英）. 中国科学技术史. 北京：科学出版社. 1975.

德波诺（英）. 发明的故事. 上海：三联书店. 1976.

单志清. 发明的开始. 济南：山东人民出版社. 1983.

黄恒正. 世界发明发现总解说. 台北：远流出版事业股份有限公司. 1983.

郑肇经. 中国水利史. 上海：上海书店出版社. 1984.

山田真一（日）. 世界发明史话. 北京：专利文献出版社. 1986.

王滨. 发明创造与中国科技腾飞. 济南：山东科技出版社. 1987.

刘洪涛. 中国古代科技史. 天津：南开大学出版社. 1991.

陈宏喜. 简明科学技术史讲义. 西安：西安电子科技大学出版社. 1992.

王鸿生. 世界科学技术史. 北京：中国人民大学出版社. 1996.

吕贝尔特（法）. 工业化史. 上海：上海译文出版社. 1996.

梁思成. 中国建筑史. 天津：百花文艺出版社. 1998.

赵奂辉. 电脑史话. 杭州：浙江文艺出版社. 1999.

邹海林，徐建培. 科学技术史概论. 北京：科学出版社. 2004.

纪尚德，李书珍. 人类智慧的轨迹. 郑州：河南人民出版社. 2001.

杨政，吴建华. 世界大发现. 重庆：重庆出版社. 2000.

王一川. 世界大发明. 西安：未来出版社. 2000.

李佩珊，许良英. 20 世纪科学技术简史（第二版）. 北京：科学出版社. 1995.

周德藩. 20 世纪科学技术的重大发现与发明. 南京：江苏人民大学出版社. 2000.

路甬祥. 科学改变人类生活的 100 个瞬间. 杭州：浙江少儿出版社. 2000.

金秋鹏. 中国古代科技史话. 北京：商务印书馆. 2000.

中国营造学社. 中国营造学社汇刊. 北京：知识产权出版社. 2006.

瓦尔特·凯泽（德），沃尔夫冈·科尼希（德）. 工程师史：一种延续六千年的职业. 北京：高等教育出版社. 2008.

项海帆，潘洪萱，张圣城，等. 中国桥梁史纲. 上海：同济大学出版社. 2009.

娄承浩，薛顺生. 上海百年建筑师和营造师. 上海：同济大学出版社. 2011.

陆敬严. 中国古代机械文明史. 上海：同济大学出版社. 2012.

孙机. 中国古代物质文化. 北京：中华书局. 2014.

附 录

一、工程师名录（按本书出现顺序）

古代工程师	冶金	綦毋怀文　杜　诗
	建筑	宇文恺　李　春　喻　皓　蒯　祥
	水利	孙叔敖　李　冰　郑　国　白　英　潘季驯　陈　潢
	陶瓷	臧应选　郎廷极　年希尧　唐　英
	船舶	郑　和
	纺织	嫘　祖　马　钧　黄道婆
近代工程师（1840—1949）	冶金	盛宣怀　吴　健
	能源	吴仰曾　邝荣光　孙越崎
	船舶	魏　瀚
	铁路	詹天佑　凌鸿勋　颜德庆　徐文炯
	电信	唐元湛　周万鹏
	建筑	周惠南　孙支夏　庄　俊　董大酉　杨廷宝　梁思成　吕彦直　范文照
	道路	段　纬　陈体诚
	桥梁	茅以升
	机械	支秉渊
	化工	侯德榜
	纺织	张　謇　雷炳林　诸文绮

新中国成立后三十年的工程师	**冶金**	靳树梁	孟　泰	邵象华			
	建筑	张　镈					
	桥梁	李国豪					
	汽车	张德庆	饶　斌	孟少农			
	飞机	徐舜寿	黄志千				
	两弹一星	钱三强	钱学森	邓稼先	王淦昌	彭桓武	黄纬禄
		郭永怀	王承书	赵九章			
	纺织	陈维稷	钱宝钧	费达生			
	电机电信	恽　震	褚应璜	丁舜年	沈尚贤	张钟俊	蒋慰孙
		罗沛霖	张恩虬	叶培大	吴佑寿	王守觉	李志坚
		黄　昆	马祖光	马在田			
改革开放以后的工程师	**航空航天**	陈芳允	杨嘉墀	钱　骥	吴德雨	林华宝	
	铁路	庄心丹					
	水利	张光斗	黄万里	汪胡桢	张含英	须　恺	高镜莹
		钱　宁	黄文熙	刘光文	冯　寅	潘家铮	
	电力	毛鹤年	蔡昌年				
	印刷	王　选					
	电信	夏培肃	慈云桂	陈火旺	支秉彝		

二、图片来源

全书图片提供：

1. 北京全景视觉网络科技股份有限公司
2. 视觉中国集团（Visual China Group）
3. 北京图为媒科技股份有限公司
4. 书格（Shuge.org）

特别说明：

本书可能存在未能联系到版权所有人的图片，兹请见书后与同济大学出版社有限公司联系。

后记

2007 年同济大学百年校庆期间，吴启迪教授在为德国出版的《工程师史：一种延续六千年的职业》中文版写序的过程中，翻阅该书，发现中国虽然有众多蜚声世界的工程奇迹，但是在书中却鲜有提及，对于中国工程师则几乎无记载。这深深触动了这位一直关怀工程教育与工程师培养的教育专家。为了提升中国工程师的职业价值与社会威望，让更多年轻人愿意投身工程师的职业，2013 年冬，吴启迪教授经过与专家的沟通、洽谈，到行业走访，确认了《中国工程师史》的出版计划，并得到同济大学出版社的支持。

2014 年，同济大学由伍江、江波两位副校长牵头，成立了土木、建筑、交通、电信、水利、机械、环境、航空航天、汽车、生物医药、测绘、材料、冶金、纺织、化工、造纸印刷等 21 个学科小组，分别由李国强、朱绍中、石来德、韩传峰、黄翔峰、刘曙光、钱锋、康琦、张为民、李理光、李淑明、沈海军等老师牵头，并成立北京科技大学、东华大学、华东理工大学等材料编撰小组。历时近一年的时间完成各学科资料的搜集、编撰与审定工作，并在这一过程中通过访谈得到了中国工程院众多院士的指导与帮助。同济大学科研院与同济大学建筑设计研究院对这一阶段工作给予了经费保障。《中国工程师史》也获得了国家出版基金、上海市新闻出版专项基金的支持。

2015年下半年，组建了以王滨、王昆、周克荣、陆金山、赵泽毓等为主的文稿编撰小组，历时半年多的时间整理并改写出《中国工程师史》样稿。这是一项异常艰难的工作，因为众多史料的缺失，多学科的复杂性，并且缺乏相应的研究基础；很多史料的核对只能以二手资料为基础。在这一过程中，书稿送审至中国工程院徐匡迪院士、殷瑞钰院士、傅志寰院士、陆佑楣院士、项海帆院士、沈祖炎院士等，以及中国科学院郑时龄院士、戴复东院士等。傅志寰院士对于文中的数据逐一查找并多次来电来函指导修改。徐匡迪院士对于图书编写的意义给予重大肯定，并欣然作序，并且提出增加工程教育相关章节。同时出版社组织出版行业专家进行审定，考虑到学科完整性和工程重要性的均衡，对本书内容提出修订和补充意见。上海师范大学邵雍教授带领团队对近代工程师史部分进行增补。

本书编撰及审定过程将近四年，依然存在众多不足。在本书早期编写过程中，编委会共同商定“在世人员暂不列入”的原则。因此在当代工程中有众多做出卓越贡献和科技创新的工程实施或组织者未能在书中一一提及，在此致以最诚挚的歉意。本书编撰过程中借鉴了大量前人研究成果及资料，有疏漏之处还望谅解。抛砖引玉期待能够得到专家学者及读者的指正。也期望未来以此为基础，进行不断修编改进。

正值同济大学 110 周年校庆前夕，期待《中国工程师史》的出版，能够吸引更多青少年投身工程师的职业，并且推动中国工程师职业素养和地位不断提升。

主编简介

吴启迪

现任同济大学教授、中国工程教育专业认证协会理事长、联合国教科文组织国际工程教育中心主任、国家自然科学基金委管理科学部主任、国家教育咨询委员会委员。曾任同济大学校长、国家教育部副部长。

清华大学本科毕业，后获工程科学硕士学位。在瑞士联邦苏黎世理工学院获工程科学博士学位。主要研究领域为自动控制、电子工程和管理科学与工程。出版专著十余部，发表学术论文百余篇，获国家和省部级科技奖励多项。

图书在版编目（CIP）数据

中国工程师史．第三卷，创新超越：当代工程师群体的崛起与工程成就 / 吴启迪主编．-- 上海：同济大学出版社，2017.12
ISBN 978-7-5608-6437-2

Ⅰ．①中… Ⅱ．①吴… Ⅲ．①工程技术—技术史—中国—现代 Ⅳ．①TB-092

中国版本图书馆 CIP 数据核字（2016）第 147174 号

中国工程师史·第三卷
创新超越：当代工程师群体的崛起与工程成就
主　　编　**吴启迪**
出 品 人　**华春荣**
策划编辑　**赵泽毓**
责任编辑　**赵泽毓**
责任校对　**徐春莲**
整体设计　**袁银昌**
设计排版　**上海袁银昌平面设计工作室　李　静　胡　斌**

出版发行　同济大学出版社
网　　址　www.tongjipress.com.cn
地　　址　上海市四平路 1239 号
电　　话　021-65985622
邮　　编　200092
经　　销　全国各地新华书店、网络书店
印　　刷　上海雅昌艺术印刷有限公司
开　　本　787mm×1092mm　1/16
印　　张　11.5
字　　数　287 000
版　　次　2017 年 12 月第 1 版　2017 年 12 月第 1 次印刷
书　　号　ISBN 978-7-5608-6437-2
定　　价　58.00 元